내 마음이 그래서

내 마음이 그래서

초판인쇄 2020년 5월 1일
초판발행 2020년 5월 1일

지은이 김희정
펴낸이 채종준
기 획 신수빈
편 집 김채은
디자인 홍은표
마케팅 문선영

펴낸곳 한국학술정보(주)
주소 경기도 파주시 회동길 230(문발동)
전화 031 908 3181(대표)
팩스 031 908 3189
홈페이지 http://ebook.kstudy.com
E-mail 출판사업부 publish@kstudy.com
등록 제일산-115호(2000. 6. 19)

ISBN 978-89-268-9915-1 03980

글 · 사진 김희정

내 마음이 그래서

현지 공무원의
전라도 감성여행
에세이

이담
Books

목차

제3장

특색이 녹아 있는
'섬, 마을, 도시'

눈물에는 여러 의미가 있다. 생리적으로는 눈의 분비물이고, 종교적으로는 참회의 증거이고, 감정으로는 기쁨과 슬픔의 표현이다. 전설로는 이시스 여신의 눈물이 나일강의 범람을 일으켰고, 에오스 여신의 눈물은 아침 이슬이 되었다.

나에게 눈물은 특별한 의미가 있다. 초등학교에 들어간 아들은 학교생활에 적응하지 못해 밤늦게까지 울다 지쳐 잠이 들었다. 아침밥을 먹다가도, 학교에 데려다줄 때도 울었다.

그런 아들이 학교에서 돌아와 컴퓨터 게임을 할 때만큼은 울지 않았다. 학교생활에 적응 못 하는 아들이 안쓰러워 게임하는 시간에는 되도록 간섭하지 않았다. 게임 시간은 점점 늘어났고 그만큼 실력도 늘었다. 게임을 할 때만큼은 울보가 아니었다. 알 수 없는 전문용어를 사용하고 현란한 손놀림을 보일 때면 아들은 마치 프로게이머 같았다.

"블로그를 해보는 게 어때?"

듣는 척 마는 척하던 녀석이 어느 날 불쑥 '마인크래프트'를 주제로 한 블로그를 개설했다. 블로그명은 '티어'라 했다. 눈물로 시작한 게임, 눈물을 멈추게 한 게임, 아들은 '눈물'을 지우려 게임에 빠졌던 것이다. 아들은 매일 게임과 관련된 게시물을 올렸고, 게임과 블로그를 할 때는 이 세상 누구보다도 즐거워했다.

"수익창출도 해볼래?"

두 번째 제안은 거절당했다. 돈을 벌기 위해 게임을 하는 게 아니라며 아들은 블로그에 광고 다는 것을 끝내 원치 않았다. 아들은 돈을 받고 하는 '일'이 아닌, 아무런 대가 없는 '놀이'로써 즐거움을 원한 것이다.

한편, 내 인생에 큰 변화가 생겼다. 지방이전정책으로 경기도에서 전라남도로 직장을 옮기게 된 것이다. 평일에는 홀로 자취를 하고 주말에는 4시간 넘는 상경을 해야 했다. 매주 경기도와 전라남도를 오가다 보니 어느 곳에도 적응하지 못하는 상황이 되었다.

변화된 삶에 적응하지 못하니 인생이 즐겁지 않았고 웃음도 사라져 갔다. 상경하는 기차 안에서 지난날을 회상하다가 문득 아들이 떠올랐다. 아들처럼 눈물을 지울 수 있는 '놀이'를 찾아보면 어떨까! 전라남도에 가게된 것도 피할 수 없는 내 인생의 일부일 터.

강물이 바위를 만나면 물살을 바꾸듯, 인생도 마찬가지다. 평온한 삶의 흐름을 바꾸는 변화는 반드시 생긴다. 변화에 순응하기 위해서는 흐르는 물살에 노를 얹어야 한다. 그렇게 나는 전라남도를 즐기기 시작했다.

무심한 남편의 '놀이'를 인정해 준 아내, 글쓰기 방향을 잡아 준 이지영 실장님, 삽화를 그려 준 이선희 선생님, 격려와 조언을 아끼지 않은 박재수 과장님, 참신한 아이디어를 제공해 준 김경희 교수님, 그리고 내 놀이를 응원해 준 모든 분께 감사드린다.

2020년 봄에

삶의 쉼을 주는
'꽃, 나무, 숲'

구례 산수유

🌸 전남 _ 구례군

밤사이 사락사락 눈이 내려앉았다. 아이들은 몰래 찾아온 손님을 얼른 보기 위해 졸린 눈을 비볐다. 온 동네를 살포시 덮은 눈송이는 하얀 속살을 드러냈다. 그 속에서 동네 꼬마 녀석들은 연신 웃음을 띠며, 손이 꽁꽁 얼도록 손님맞이를 했다.

산수유를 보면 항상 어린 시절 그 눈꽃 송이가 생각난다. 산수유는 겨울을 지나 초봄, 비교적 이른 시기에 찾아오는 봄의 전령이다. 그래서인지 산수유는 눈꽃을 닮았다. 영하가 되면 대기 중 수증기가 응고해 땅으로 떨어지는 눈을 눈꽃 송이라고 부른다. 확실히 활짝 피어난 산수유 꽃망울은 눈 결정체를 닮았다.

숙명인가. 눈꽃을 닮은 산수유는 온몸으로 추위를 견뎌야 했다. 이른 봄이기에 피할 수 없는 시련. 시간은 바삐 삼월을 벗어나려 하지만 시베리아 북서풍은 시샘을 부렸다. 얄궂게도 산수유 꽃망울이 피어날 무렵이면 어김없이 찾아왔다.

산수유는 그 시샘마저 참아 내고 차가운 기운을 받아들였다. 노란색이 조금씩 바래 가지만 숙명이란 걸 산수유는 안다. 조금만 견디면 지리산 맑은 물을 한껏 머금고 빨간 결실을 잉태하리라. 혹독한 계절을 버틴 산수유는 마취에서 풀려나듯 몸을 비틀기 시작했다.

모든 인내는 강인하다. 아픔과 고통을 겪은 산수유도 독을 품는다. 서슬 퍼런 기운을 품고 새빨간 정열로 악귀를 몰아낸다. 여리여리한 산수유의 빨간 열매는 그렇게 고난을 품고 옹골차게 여물어간다.

그 때문일까. 산수유는 훌륭한 약재가 된다. 아리스토텔레스는 '영혼론'에서 단맛, 짠맛, 쓴맛, 신맛을 네 가지 기본 맛으로 정의했다. 통감인 매운맛을 빼고 네 가지 기본 맛 중 쓴맛과 신맛은 인간에게 푸대접을 받는다. 건강해지는 이로운 맛인데도 말이다.

신은 인간을 사랑하는 게 틀림없다. 몸에 안 좋은 것만 탐닉하게 만들었다. 맛있는 것에 현혹되고, 악한 것에 유혹되기 쉬운 인간들을 얼른 본인 곁으로 데려오기 위함은 아닐까!

말린 산수유를 넣어 차를 우린다. 한 모금 들이켜니 강한 신맛에 절로 인상이 찌푸려진다. 익숙해지기 쉽지 않은 이 맛, 몸에 좋은 것은 정말 표현할 수가 없나 보다.

구례 산수유

계절이 바뀌면
지리산은 고뇌한다.
어찌해야 예술의 혼이 깃들까!

진통의 울부짖음,
얼었던 눈도 깜짝 놀라
굽이굽이 계곡 따라
산동마을 적시운다.

감흥이 떠올랐나!
스스럼없이
화가는 고민을 멈춘다.

흐르는 물감에
떡하니 붓을 적셔
결국 노릇노릇한
그림 한 폭을 완성했구려.

구례 산수유를 만나보세요!
▶ 하이에나김

섬진강 벚꽃

❀ 전남 _ 광양시

　그해 겨울은 유난히 길었다. 추위를 온몸으로 견딘 나무는 꽃망울을 하나씩 터트렸다. 산수유로 시작하더니 매화가 뒤를 잇고 벚꽃에서 절정을 이뤘다.

　뒤뜰 우물도 말라 버리고 초목도 시들었다. 아버지 노경과 어머니 유씨 사이에서 추사 김정희는 장남으로 출생했다. 그가 태어나자 샘물이 다시 솟고 초목도 생기를 되찾았다.

　빛바랜 자연이 점차 물들어 갔다. 노란색, 분홍색, 하얀색 물결이 텅 빈 도화지를 채워 갔다. 아무렇게나 그렸는데도 솜씨는 빼어나 그 아름다움에 이끌린 상춘객의 발길이 끊이지 않았다. 색이 고울수록 자연은 인파와 매연에 몸살을 앓았다.

　총기는 타고났다. 어린 시절부터 책을 많이 읽어 시문과 서예에 능통했다. 초서, 해서, 전서, 예서를 통달해 중국에까지 이름을 날렸다.

그의 글을 우연히 보게 된 재상 채제공은 '이 아이는 글씨로써 대성하겠으나 인생이 몹시 험할 것이다.'라며 걱정했다.

자연은 절대 상냥하지 않았다. 산수유로 시작한 봄꽃들은 갖은 수난을 겪어야 했다. 시간은 바삐 계절을 바꾸려 했으나 시베리아 북서풍은 시샘을 부렸다. 여린 꽃망울과 소담스러운 꽃송이를 매몰차게 흔들어 버렸다.

세상은 추사를 가만두지 않았다. 당파에 휘말려 함경도와 제주도에서 십 년간 유배생활을 이어 갔다. 귀양살이에 먹을 것이 없어 좋은 음식을 보내 달라고 아내에게 편지를 쓸 정도였다.

벚꽃이 피었나 싶더니 어느새 자취를 감췄다. 잔뜩 기대감에 부풀어 외출을 준비했던 이들은 한숨을 지었다. 뜨락에 떨어진 꽃잎들은 상춘객의 가슴을 허무하게 쓸었다.

친구인 영의정 권돈인 사건에 연루되어 또다시 함경도에 유배되었다. 2년 만에 풀려났지만 아버지 묘소가 있는 과천에 은거하다 생을 마쳤다. '달이 밝으면 구름이 끼고 꽃이 고우면 비가 내린다.' 천재적 기질을 지녔으나 정치 풍파를 겪은 그의 영전에 친구 초의는 그렇게도 안타까워했다.

시련이다!

하느님은 잘나가는 이들에게 반드시 시련을 준다. 인간, 자연을 가리지 않는다. 총명한 천재에게는 지병과 단명을, 밝은 달과 예쁜 꽃에는 구름과 비를 보낸다.

그래서인가, 짧은 생을 마감한 이들에게는 유난히 애착이 간다. 젊은 나이에 생을 마감한 이들을 기억하고, 며칠 만에 사라진 봄꽃들을 보기 위해 다시 일 년을 기다린다.

떨어진 꽃잎들을 한 움큼 쥐어 본다. 손가락 펼쳐 바닥에 흩뿌리며 그들을 놓아준다. 쥐었던 손아귀에 코를 대어 보니 스름스름 봄 내음을 풍긴다. 생기 잃은 꽃잎에서 애절한 향기가 난다.

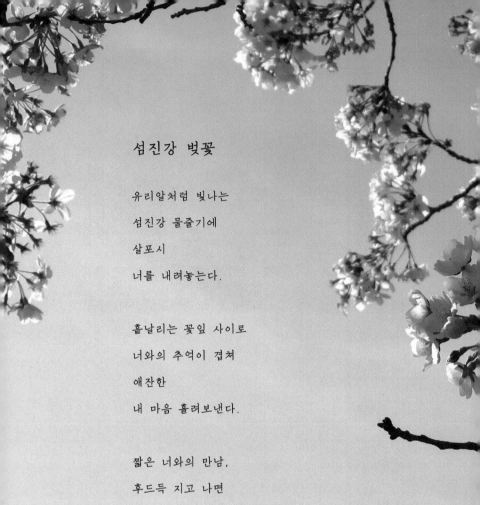

섬진강 벚꽃

유리알처럼 빛나는
섬진강 물줄기에
살포시
너를 내려놓는다.

흩날리는 꽃잎 사이로
너와의 추억이 겹쳐
애잔한
내 마음 흘려보낸다.

짧은 너와의 만남,
후드득 지고 나면
또 다른 계절이 찾아오겠지!

섬진강 벚꽃을 만나보세요!

▶ 하이에나김

남원 요천강 벚꽃 길

✿ 전북_남원시

　춘향과 몽룡이 데이트했을지도 모를 광한루 옆 강변길을 따라 벚꽃이 터널을 이루었다. 벚꽃 길을 걸으며 잠시 로맨스 작가가 되어본다.

K는 길고 기나긴 추운 계절을 홀로 보냈다. 따스한 봄기운 물씬 풍기던 어느 봄날, 그녀가 운명처럼 나타났다. 예쁘게 화장한 그녀는 화사한 옷차림을 하고 K를 기다렸다. 그녀를 만나기 위해 다가가는 K의 발걸음은 설렘이 가득하다. 새하얀 드레스에 부드러운 머릿결을 늘어트리며 상큼한 향기 풍기는 그녀의 모습은 황홀하기 그지없다. 사랑에 빠질 수밖에 없는 자태이다.

첫 만남의 설렘은 익숙함으로, 예쁜 모습은 수수함으로 바뀔 것이란 걸 K는 알고 있다. 그리곤 언젠가 말없이 떠나겠지.

봄기운이 완연한 4월 어느 날, K는 남원 요천강변에서 첫사랑 그녀와 그렇게 만났다. 짧은 만남이었지만 다시 만날 날을 기약하며 그녀를 가슴에서 살포시 놓아준다.

담양 죽화경

전남_담양군

공원과 정원, 무슨 차이일까? 공원은 개방된 공간이고 정원은 개인의 공간이라는 대답이 언뜻 떠오른다. 지금의 정원은 관광객에게 개방되어 구별이 애매모호하지만 원칙적 구분은 개방과 폐쇄이다.

원칙에 충실한 정원은 아기자기하고 조용하다. 혼자서 사색하며 정원을 거니는 기분, 더할 나위 없는 산책의 맛이다. 그런 정원만의 분위기가 현대에 와서 조금씩 사라져 가고 있다.

개방은 정원을 공원으로 만들었다. 수많은 사람들의 발길 속에 정원은 상처를 입는다. 정원을 만끽하러 왔다면 최소한의 매너는 지켜야 할 텐데. 공용물건에 손대지 말아야 한다. 더럽히지 않아야 한다. 동식물을 보호해야 한다. 그리고 정숙해야 한다.

산기슭 따라 구불구불한 오솔길로 이어진 죽화경, 아름다운 정원인 만큼 사람들의 발길이 끊이지 않는다. 그래서 상처도 많다. 길을 따라 올라가다 보면 가녀린 꽃잎은 꺾어져 있고 꽃줄기는 땅바닥에 짓눌려 있다.

　사람들을 정겹게 맞이하는 듯 길 쪽으로 고개를 내민 금계국은 손님들 발길에 짓밟혀 시퍼런 핏물을 뚝뚝 흘린다. 젊은 아빠는 보채는 아이를 번쩍 들어 빨간 열매를 거리낌 없이 따게 한다. 같이 온 동료들은 욕을 섞어 가며 시끄럽게 떠든다. 그렇게 정원은 점점 공원으로 변해 간다.

정원 바로 옆은 뻥 뚫린 고속도로. 무심히 지나가는 자동차 소리는 산기슭에 고스란히 담긴다. 잠시 앉아 차 한 잔의 여유를 즐기려다 포기해 버린다.

정원 산책은 쓸쓸함을 남겼지만 찍은 사진에는 그 분위기가 담기지 않아 그나마 위안 삼는다.

담양 죽화경

향기를 머금은 발걸음은 가볍기만 한데

달콤한 색의 유혹에 시선은 머문다.

오솔길 따라 늘어선 자유의 몸부림

내 마음 흔드는 춤사위여라

어느 매정한 임의 발자국에

연둣빛 핏물 흘린 들꽃의 아련함이여

꽃이 되고픈 누군가의 바람을

거친 나뭇결에 새겨두고

남겨진 자의 애절함은

자동차 소음에 묻혀버리네

다행인가 아쉬움인가

돌아서는 발걸음 가볍지 않는구려.

담양 죽화경을 만나보세요!
▶ 하이에나김

축령산 편백나무 숲

❀ 전남 _ 장성군

임신은 부부에게 있어 새로운 역사를 쓰는 순간이다. 임신 소식을 듣고 정지 화면처럼 잠시 멍했다가 자신도 모르게 행복해지는 것은 본능적인 반응이리라.

새로운 생명을 만들었다는 것에 어쩌면 신이 된 기분이 들지도 모른다. 하느님의 천지창조와 같은 놀라운 일이기에 믿기지 않는 듯 엄마 아빠는 끊임없이 확인할 것이다. 아이는 화답하듯 발길질로 자신의 존재를 어필하며 신호를 보낸다.

그렇다. 생명이 만들어지는 순간에는 분명 꿈틀거림이라는 움직임이 있다. 생명이 탄생하면 그 꿈틀거림은 피의 순환으로 이어져 우리의 심장을 뛰게 하고 맥박을 박동시킨다. 그리고 생명이 꺼지는 순간 그 꿈틀거림도 사라진다.

자연도 마찬가지다. 겨우내 죽었던 나무는 봄이 되면 서서히 깨어난다. 다시 깨어나는 순간, 꿈틀거림으로 생명을 표현한다. 비록 눈에 보이지 않더라도 새싹을 틔우거나, 꽃망울을 터트리는 움직임이 있다. 초고속 카메라로나 보이는 느린 생명력이지만 분명 꿈틀거림이 있다.

축령산 편백나무 숲길을 걸으며 그 꿈틀거림을 느꼈다. 여기저기 기지개를 켜는 듯 다시 깨어나는 나무의 숨결을 느꼈다. 마치 아빠가 된 듯 미소가 번지고 행복해진다. 손가락을 갖다 대어 보기도 하고 두 팔을 벌려 품어 보기도 한다.

아이는 어느새 어른이 되어 한 생명의 몫을 하듯, 나무도 언젠가 신록으로 축령산을 뒤덮겠지. 내려오는 길에 꿈틀거림을 온 피부로 느끼며 흐뭇한 아빠 미소를 지어 본다.

잎새

터벅터벅 출근길
무심코 고개를 든다.

여리여리
잎새를 내밀더니
스름스름
연둣빛을 더해
어느새 몸짓을 부풀려 버렸다.

요 녀석,
늦가을 어느 날
빛바랜 농염한 색으로
촉촉한 내 시선을 또 유혹하겠지

그래,
이렇게 세월 가는구나!

순창 강천산

🏵 전북_순창군

"놀자!"

주말이 되면 아이들 목소리가 마을을 가득 메웠다. 쑥스러움이 배어난 작은 목소리였다가 무리가 불어나면서 점점 커졌다. 어느 정도 채워지자 아이들은 약속이나 한 듯 뒷동산으로 향했다.

"빵야, 빵야."

아이들은 산속을 누비며 입으로 연신 총탄을 발사했다. 손에는 총 모양 소나무 가지가 들려 있었다. 가장 멋진 총을 발견한 날이면 어깨가 으쓱해져 친구들에게 자랑하기 바빴다.

어릴 적 동네 뒷동산은 가장 좋은 놀이터였다. 레저시설이 없는 시골에서 산은 자연이 주는 최고의 선물이었다. 산은 식량과 난방의 보급처였기에 사람의 손을 탔고, 덕분에 우리는 그 속에서 편히 놀 수 있었다.

자연 그대로의 모습은 눈으로 보고 즐길 수 있을 뿐 실제로 이용할 수는 없다. 자연과 인간이 융화되어야 비로소 활용되며 더욱 빛을 발한다.

어찌 보면 도시인들이 더 자연을 만끽하는지도 모른다. 나무, 물, 꽃, 동물 등 다듬어진 자연이라는 차이뿐. 놀이공원, 스파, 동물원, 식물원 모두 인공이 가미된 자연이다.

자연 그대로의 모습은 천연기념물이다. 벚꽃과 단풍으로 아름다운 풍경을 자아내는 멋진 산들도 사람의 손길이 뻗쳐야 한다. 산책로, 화장실, 가로수, 구름다리, 인공폭포를 만들어야 명산이 된다.

　　사람이 찾지 않는 자연은 밀림에 불과하다. 자연에 인공이 가해져야 비로소 명소가 된다.

순천 강천산을 만나보세요!
▶ 하이에나김

평등을 생각하게 하는

광주 무등산

✿ 광주 _ 북구

"그게 무슨 뜻이야?"

아이들과 이야기를 하다 보면 계속 질문을 받는다. 끊임없이 되묻는다. 아직 어리기에 대부분 처음 접하는 단어라서 그 뜻을 모르는 것이다. 무지한 게 아니라 순수한 것이다. 아직 세상에 때 묻지 않은 순결한 영혼들이다.

십장생을 그리며 조상들은 이상 세계를 꿈꿨다. 하늘, 바다, 산, 강, 구름, 바위 등 아름다운 자연으로 둘러싼 세상을 그렸다. 그리고 그 속에 장수를 상징하는 십장생을 담았다. 인간이 꿈꾸는 이상의 나라를 그림으로 표현하며 그런 세상에서 살기를 희망했다.

그 이상 세계에 빠진 것이 있다. 모든 물질적 요소를 갖춘 이상 세계에 숭고한 이념까지 더한다면 완벽할 것이다. 자유와 평등이 보장된 세계가 바로 그것이다.

인간은 민주사회를 만들기 위해 끊임없이 투쟁해 왔다. 기본권인 자유와 평등을 얻기 위해서다. 희생도 많았다. 수많은 시간과 목숨을 바쳤지만 아직도 완벽한 세상은 아니다.

그나마 자유는 어느 정도 질적 성장을 이뤘지만, 문제는 평등이다. 아무리 우리가 평등을 원해도 사회구조상 다양한 불평등이 존재한다. 신분제도는 없어졌지만 계급은 여전히 존재한다. 자본주의의 필수 요소인 돈 때문에 부자와 서민, 가난뱅이로 분류되고 그에 따른 불평등이 생겨난다.

자유가 없기에 자유를 부르짖듯, 평등을 얘기한다는 것은 아직도 불평등이 존재한다는 의미다. 가장 이상적인 사회란 그런 단어가 사라지는 세상이다. 어린아이가 "평등이 뭐예요?"라고 물어보듯이, 평등이란 단어가 무슨 의미인지도 모르고, 아예 필요 없는 단어가 되는 세상이다.

광주에는 무등산이 있다. 무등은 불교 용어로 '반야심경'에서 부처가 절대평등의 깨달음, 곧 무등등(無等等)이라고 한 데서 유래했다. 평등을 초월한 진정한 평등사회다.

산에 올라 아래 세상을 내려다보니 제대로 보이지 않을 정도로 보잘 것없다. 게다가 1억 5천만km 떨어진 태양에서 본다면 지구는 한낱 먼지 같은 존재다. 40억 년 지구 역사로 본다면 인간의 역사는 한낱 점에 불과하다.

잠깐 왔다가 흔적 없이 사라질 우리 인간들, 감히 다른 이를 차별하기에는 너무나 초라한 티끌 같은 존재이지 않을까.

광주 무등산을 만나보세요!
하이에나김

담양 관방제림

✿ 전남_담양군

당연한 건 정답이라고 생각했다. 사색과 기록은 좋은 것이라고 의심치 않았다. 확신은 습관으로 이어져 틈틈이 생각하고 그것들을 기록이라는 틀에 붙잡아 두었다.

글쓰기의 장점을 누가 부정하겠는가! 독서를 통해 정보를 습득하고, 떠오르는 생각을 정리하고, 그 생각들이 얽히고설켜 범위를 넓혀가고, 결국 뇌는 점점 활성화된다.

그렇게 글쓰기를 당연시하고, 선행 작업인 사색을 위해 산책을 이어갔다. 나무 그늘이 드리워진 둑길은 사색에 제격이었다. 한 바퀴 돌고 나면 생각의 실타래들이 차근차근 정돈되곤 했다.

산책길은 나에게 평온과 안심을 주었다. 혼자 걸어도 외롭지 않고 되레 즐거웠다. 생각의 카타르시스, 그 맛에 빠져 사색과 기록에 심취해 있었다.

"왜, 기록해야 하나요? 버리면 안 되나요?"

정답을 벗어난 의외의 질문에 잠시 당황했다. 생각의 씨앗들을 발아시켜야 한다는 당연한 논리를 뒤흔든 신선한 충격이었다. '그래, 버리면 안 될까! 왜 난 간직하려고만 하지.'

물욕에 빠지듯, 그간 생각욕에 빠졌는지도 모른다. 생각한 모든 것들이 아까워 꾸역꾸역 간직했다. 사라질까 두려워 노트에 모두 활자화했다.

그리 집착하니 글쓰기가 더 힘들어졌다. 욕심을 부리니 생각에 집착과 고집이 붙었다. 버리기 아까워 기록하려고 할수록 생각은 더욱 가난해져 갔다.

강물이 흐르지 않고 고이면 썩는다. 잎새를 흔드는 바람이 멈추면 신선함도 사라진다. 관방제림 둑길을 걸으며 난 글에 대한 욕심을 슬며시 놓았다.

담양 관방제림

관방제림을 걸으며

스르륵 빨려든다
살아 숨 쉬는 서로가 서로에게
피부가 벗겨져 영혼을 드러낸다
낯익은 감촉에 흐느끼는 여유
내면을 식혀버린 숨은
하얀 햇살을 타고 흩어진다
향기는 바람에 스며들고
바람은 잎새를 달랜다
굴곡을 이루는 아련한 길이여
모진 내 인생 같구나
쉼 없이 내 쉼을 맡긴다

담양 관방제림을 만나보세요
▶ 하이에나김

담양 죽녹원

🌸 전남 _ 담양군

"별로 신경 안 쓰는데요."

일본 유학 초기 일본인 지인에게 '지진'이 무섭지 않냐고 내 나름대로 심각하게 물어보자 허무하게 돌아온 답변이었다. 오히려 그는 나를 걱정했다. 한국에선 전쟁 위협 때문에 무섭지 않았냐고.

유학을 떠나기 전 몇 가지 마음의 준비를 했었는데 그중에서도 지진은 가장 큰 고민거리였다. 막상 일본에 가 보니 현지인들은 대수롭지 않은 듯 생활하고 있었다. 그러고는 북한의 미사일 발사와 핵실험을 들며 나를 더 걱정해 주었다.

눈으로 눈썹을 보지 못하듯 우리는 자신에게 붙은 허물이나 단점을 보지 못한다. 자신의 것을 보지 못할 뿐만 아니라 남의 것은 마치 돋보기로 들여다보듯 더 크게만 보인다.

화분증도 마찬가지였다. 일본 편의점 입구에는 마스크가 즐비하게 진열되어 있다. 봄만 되면 삼나무에서 날리는 꽃가루 때문에 알레르기

나 비염이 있는 사람들은 마스크 없이는 외출할 수가 없다. 대부분의 일본인들은 화분증 때문에 매일 마스크를 쓰고 돌아다닌다.

나도 그들과 같이 마스크를 썼지만 어딘지 모르게 예의가 없어 보이고 숨을 쉬기 답답해 결국 포기해 버렸다. 재채기가 나올 때마다 소나무로 뒤덮인 우리나라, 화분증 걱정 없는 우리나라를 그리워했다.

유학 후 한국에 돌아오자, 일본에서도 쓰지 않던 마스크를 꼭 챙겨 쓰고 외출을 해야 했다. 예전에는 봄에만 약간 있던 황사, 이제는 1급 발암물질인 미세먼지라는 커다란 공포가 우리나라를 뒤덮고 있기 때문이다. 그것도 계절 가릴 것이 없이 연중 계속된다.

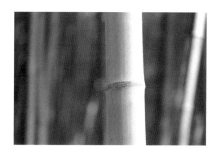

　‘중국발 미세먼지’라고 표현하며 우리는 중국을 손가락질한다. 중국은 미세먼지는 한국 것이라며 중국 탓하지 말라고 말한다. 수많은 화력발전소를 세우고 산업개발을 벌이고 있는 그들, 미세먼지 속에 포함된 중국산 화학성분들, 심증과 물증 모두 인정할 수밖에 없는데도 말이다.

　물론 우리나라도 환경보호에 무딘 세월을 살아왔다. 1962년부터 1981년까지 네 차례에 걸친 경제개발 5개년 계획으로 자연환경을 뒷전에 두고 개발에만 몰두했다. 콧속이 시커멓도록 공장 연기를 내뿜고 물과 공기와 토양을 오염시켰다. 국민소득 3만 달러를 넘기며 선진국 대열에 들어섰지만, 아직도 우리는 환경오염을 서슴없이 저지르고 있다. 십 년 넘는 경유차가 매연을 내뿜으며 도로를 질주하고 있고, 수십 개의 석탄 화력발전소가 가동되고 있다.

　상대방의 얼굴만을 보면 안 된다. 자신의 얼굴도 들여다보며 부족한 점을 인정하고 서로 합심해서 환경을 지켜야 한다. 지구는 누구 하나의 소유물도 아니며 인간만이 사는 곳도 아니다. 지구에 사는 모든 생물의

보금자리, 즉 공동의 소유물이다.

지구를 포함한 모든 자연만물, 결코 신은 우리 인간만을 위해 그 보금자리를 만들지 않았다. 전체 역사에서 고작 0.1% 차지하는 인간을 위해 지구를 만들었을 리도 없고, 멸종할 수 있는 똑같은 생물에 불과한 인간이 지구의 주인 행세를 할 수도 없다. 지구란 모든 생물이 누구나 잠시 빌려 쓰고 돌려주는 쉼터일 뿐이다. 그렇다면 모든 생물들이 살아 숨 쉬며 잠시 머물다 가는 그 쉼터를 소중히 다뤄야 한다.

지구상의 모든 생물들은 꾸준히 개체를 이어 가고 있다. 인간은 지구상 70억 명이 존재해 멸종의 걱정은 없다. 다른 생물들도 마찬가지로 수많은 개체들이 종족을 보존해 나간다. 그러나 지구는 불가능하다. 개체가 하나밖에 없기 때문이다. 태양계에 존재하는 모든 행성을 다 뒤져봐도 생물이 살 수 있는 행성은 현재까지 지구밖에 없다.

'단 하나뿐인 지구'라고 표현하는 순간, 어감은 확 바뀐다. 개발에만 전념하던 옛날에는 지구를 걱정하지 않았다. 흙과 공기가 오염돼도 워낙 위대하고 방대하기에 영원할 줄 알았다. 그 결과 토양오염, 오존층

파괴, 이상기온 같은 아픈 증상이 슬슬 나타나기 시작했다. 아파 봐야 건강의 소중함을 안다고 이제야 지구의 소중함을 자각하게 된 것이다. 하나의 중요성을 느끼게 된 것이다.

'하나'는 없어지는 순간 '제로'가 된다. 지구는 우리가 쓰고 버리는 인간의 소유물이 아니다. 우리도 그저 지구에 잠시 머물다 가는 나그네일 뿐이다.

담양 죽녹원을 만나보세요!
▶ 하이에나킴

영화 속 주인공이 되려면

광주 맥문동 숲길

🌸 광주_북구

일자로 뻗은 가로수 길을 한 1백 미터 정도 걸어가면 끝머리에 이층
집이 나온다. 집 뒤에는 잉어와 꽃이 있는 연못과 정원이 있고, 집 옆에
는 넓은 수영장이 있다.

언젠가 영화에서 봤던 부잣집 별장 구조다. 그 가로수 길을 걷는 주
인공의 모습이 너무 아름답고 부러웠다. 오롯이 주인공만을 위한 세팅
이다.

봄에는 아름다운 꽃길을 걷고, 여름에는 푸르른 나무 그늘에서 걷고,
가을에는 떨어진 낙엽을 밟으며 걷고, 겨울에는 소복이 쌓인 눈길을 걷
는다. 아! 매일매일이 영화이다.

다만, 이 아름다운 장면은 가로수가 있기 때문이다. 아무것도 없는
밋밋한 길이라면 상황은 완전히 달라진다. 그냥 집에 들어가는 평범한
사람이 될 뿐이다.

가로수로는 뭐든지 좋다. 벚꽃이 아름다운 벚나무도 좋고, 가지 울창한 느티나무도 좋고, 사계절 푸르른 소나무도 좋다. 그중에 가장 내 맘에 드는 것은 편백나무나 메타세쿼이아 같은 하늘로 쭉쭉 뻗은 나무이다.

기세 좋게 하늘로 끊임없이 올라가는 나무는 왠지 모를 위엄이 느껴진다. 그리고 그 안에 담긴 조그만 사람, 그야말로 가장 완벽한 조화이다. 거대한 자연과 보잘것없는 인간이라 해도 좋고, 위대한 자연의 보호를 받는 인간이라 해도 좋다.

대조는 또 다른 조화다. 밋밋함은 단조롭다. 다름이 멋진 경관을 자아낸다. 크고 작음, 넓고 좁음, 다른 색깔, 대칭이 있어야 아름다운 그림이 나온다. 울창한 가로수 그늘 아래에 담긴 인간, 훌륭한 조화이다.

담양 죽녹원 옆 메타세쿼이아 길은 관광지로서 유명하다. 목이 아파 쳐다보기도 힘들 정도로 키가 큰 메타 가로수 숲길에는 언제나 사람이 가득하다. 찍는 대로 멋진 사진이 된다.

광주 시내에도 그런 길이 있다. 북구 문화근린공원 옆길을 따라 이어진 메타 숲길, 인간이 빚어낸 도심 속 자연이다. 메타 가로수 길을 쭉 따라 들어가면 왠지 멋진 집이 나올 것 같은 착각에 빠진다.

메타세쿼이아 그늘 안에 힘겹게 꽃을 피우며 맥문동은 아름다운 정취를 더한다. 운치 있는 가로수 길을 걸으며 영화 속 주인공이 되어본다.

광주 맥문동 숲길을 만나보세요!

▶ 하이에나김

제2장

평범한 일상에서 벗어난
'습지, 레저, 명소'

순천만 습지

🐟 전남_순천시

해외여행의 매력은 설렘에 있다. 보이는 모든 것들이 신기해 눈이 즐겁다. 우리나라에서 볼 수 있는 것들조차 외국에서 보는 느낌은 사뭇 다르다. 주위에서 들리는 외국어, 건물, 버스, 자전거, 심지어는 쓰레기통까지도 색다르다.

지방 이전으로 고향을 떠나 전남에 내려왔다. 출퇴근이 반복되는 직장인에게 주말이란 일분일초가 아까운 황금시간이다. 째깍째깍, 사라져 버릴 시간이 아까워 왕복 8시간의 귀경을 포기하고 발길을 돌린 곳은 순천만 습지였다.

아름다운 풍경을 기대하진 않았다. 봄기운이 돋아나는 계절, 본격적인 생명의 탄생은 이른 시기였기에 데크 산책길을 따라 바람에 흔들리는 갈대 사이를 한없이 걸어갔다. 바다에서 들어온 물길을 따라 자연스럽게 만들어진 갯벌과 습지가 사뭇 아름다웠다. 끄트머리에 이르니 시골 뒷동산 같은 야트막한 산이 떡하니 버티고 있었다.

용산이라 했다. 소나무 숲길을 따라 걸으니 솔잎 사이로 습지가 슬며
시 보였다. 단조로운 색채인데도 제법 아름다운 경관을 자아냈다. 곳곳
에 설치된 전망대에서 그 신비로운 모습을 보며 한동안 생각에 잠겼다.

해외를 여행할 때면 아름다운 경관에 항상 감탄했었다. 우리나라에
는 없을 것 같은 부러움이었는데, 착각이었다. 그저 내 눈에 보이지 않
았을 뿐이다. 무미건조한 다람쥐 쳇바퀴 같은 일상에서 눈과 마음을 닫
았기 때문이었으리라.

세월이 흐르고 머리가 희끗희끗해지니 지나온 삶에 미련이 남는다. 삶의 터전을 떠나 홀로 생활하다 보니 쓸쓸해지기도 한다. 인생을 되돌아보니 아쉬운 마음도 들지만, 그래도 위안이 되는 것은 이제는 나의 일상에서 그동안 보이지 않던 것들이 하나둘씩 보이기 시작했다는 것이다. 가슴 설레는 여행의 시작이다.

순천만 용산 전망대에서

저항하지 않는다.
부는 바람에 몸을 맡긴다.
뿌리는 옹골차진다.

반항하지 않는다.
세찬 바람에 몸을 얹는다.
날갯짓은 여유로워진다.

거부하지 않는다.
밀려오는 물살 고스란히 머금고,
갯벌은 뽀얘진다.

너에게 한 수 배웠구나!
세월에 익어가는 법을,
돌아서는 발걸음 가벼워진다.

순천만 습지를 만나보세요!
▶ 하이에나김

영산강 억새밭

🏵 전남 _ 담양군

강바람 불어오면 억새는 이리저리 몸을 흔든다. 끊어질 듯 부러질 듯 아슬아슬하지만 그래도 버텨 낸다. 단지 휘어질 뿐이다.

세찬 풍파를 견디는 모진 인생, 사뭇 우리의 모습일 수도 있다. 세월의 바람 맞으며 허리는 굽어지고 머리는 희어지는. 허연 억새밭에서 아버지를 본다. 어머니를 본다. 그리고 나를 본다.

바람에 지지 않으려 가냘픈 외줄기는 견디고 견딘다. 외유내강의 아련함, 휘어짐은 꺾이지 않기 위한 몸부림인가.

강해 보이려 허세도 떨고,

힘들지 않은 척도 해보지만,

햇살에 비친 그대여, 애달프구나!

"힘들지?"

슬며시 말 걸어 보지만,

"아냐. 괜찮아."

고개를 흔든다.

"도와줄까?"

손을 내밀었더니 또 좌우로 뿌리친다.

'자식, 센 척하기는.'

돌아서는데 햇살에 비친 눈망울은 이미 슬픔 한가득.

멀리서 보니 다시 돌아오라는 듯 손짓하지만, 이번엔 내가 뿌리친다.

억새는 절대 억세지 않다. 내 마음이 그래서 난 그를 안다.

영산강 억새밭을 만나보세요!

▶ 하이에나김

화순 세량제

✿ 전남 _ 화순군

평범한 일상에서 벗어난 '습지, 래저, 명소'

"무위자연(無爲自然)."

사람의 힘을 더하지 않은 그대로의 자연을 의미한다. 여행을 하다 보면 인간의 손길이 닿지 않는, 오지에 있는 자연이 만들어 낸 절경에 감탄사를 연발한다. 인공적인 느낌이 없는 순수 자연이 만들어 낸 작품을 보며 역시 자연은 위대하다고 평가한다.

과연, 자연이 만들어 낸 절경이 가장 위대하고 아름다운가! 아니, 인간이 만들어 낸 도시의 풍경도 그에 못지않다. 울창한 빌딩 숲, 화려한 디자인의 건축물, 예쁘게 꾸며진 공원, 그리고 그 속에 담긴 도로와 자동차, 게다가 밤이 되면 펼쳐지는 황홀한 야경, 그 어떤 자연 풍경보다 못하다고 볼 수 없다.

단지, 우리의 일상 속 자주 접하기 때문에 그 진가를 깨닫지 못하는 것일 뿐이다. 오지에 사는 사람이 되레 도시의 풍경을 보러 오지 않는가!

자연 절경이 가장 아름답다 하더라도, 그럼 자연의 기준은 무엇인가?

지구상에 존재하는 흙, 물, 공기 등을 포함해 그 안에 사는 모든 것들은 모두 자연의 구성물이다. 식물, 동물 그리고 사람도 자연의 일부이다.

우리가 절경이라고 감탄하는 곳에 가 보면, 식물들이 심겨 있고, 동물들이 뛰어놀며, 인간이 오솔길을 걷고 있다. 산에 나무를 심어 울창한 숲을 이루게 하고, 계곡을 따라 흐르는 물줄기는 결국 인간 세상으로 이어진다.

자연 속에 사는 모든 구성원의 에너지가 어울려 절경을 만들어 낸 것이다. 절경이라고 부르는 곳에도 사람의 손길, 즉 인공적인 힘이 가해져 있다.

아무런 가공을 하지 않은 순수 자연이란 신이 처음 우주를 만들었던 태초의 모습이다. 우리가 아는 태초의 지구는 어두컴컴한 검은 바다의 모습이다. 결국, 아름다운 자연이란 세월이 흐르면서 순수 자연이 가공과 조화를 이룬 작품인 것이다.

화순 세량제는 CNN이 한국에서 가장 가 봐야 할 50곳에 선정할 정도로 자연이 이뤄 낸 절경으로 꼽힌다. 아침 물안개가 피어오르는 모습을 담으러 수많은 사진작가들이 찾는 곳으로도 유명하다.

거대한 산을 배경으로 연못에 알록달록한 꽃들이 연못에 투영되어 마치 자연이 만들어 낸 아름다운 미술작품과도 같다. 그러나 자세히 보면 결국, 사람이 만든 제방과 둘레 길, 그리고 심겨진 꽃나무들이 절경

을 이룬, 인간과 자연의 합작품인 셈이다.

인간의 힘이 미치지 않은 무위자연의 절경이란 존재하지 않는다. 그런 곳이 있더라도 결국 그 절경 속에 사람이 있어야 더욱 아름답다.

화순 세량제를 만나보세요!
▶ 하이에나킴

담양호 용마루 길

🌀 전남 _ 담양군

"사람이 태어나서 장가계(張家界)에 가 보지 않았다면, 100세가 되어도 어찌 늙었다고 할 수가 있겠는가?"

하늘과 조화를 이룬 중국의 유명 관광지 '장가계'에 대한 말이다. 장가계는 삭계욕, 천자산, 양가채와 함께 4대 절경을 포함하는 '무릉원'에 위치해 있다. 세계 자연 유산으로 등재된 중국의 자연 절경이다.

장가계에는 귀신들만 다닌다는 1,400여 미터 천문산에 산책을 위한 데크 길을 만들어 놓았다. '귀곡잔도'라고 한다. 떨어지는 순간 뼈도 못 추릴 것 같은 데크 길은 아찔함이 극치에 달한다. 만드는 과정에서도 수많은 사람의 희생이 있었다. 그들 덕분에 우리는 높은 산등성이를 타고 아슬아슬한 절경을 즐긴다.

담양호 용마루 길 나무 데크 산책로를 걸으면서 귀곡잔도가 떠오른 이유는 무엇일까! 비교할 수는 없지만 산을 타고 만든 나무 데크에서 누군가의 노고가 생각났다. 굽이굽이 담양호를 끼고 도는 데크 길, 그리

높지 않지만 그 길을 따라 강과 호수를 바라보는 풍경이 산책에는 더없이 좋다.

약 3km 정도의 산책 코스, 데크 밑을 보니 비스듬한 산길에 설치하느라 애쓴 흔적들이 보인다. 덕분에 우리들은 천 년 경관이라는 이곳을 만끽하고 있다.

구불구불한 데크 길을 따라 시시각각 다른 모습을 보여 주는 담양호, 지루함 없는 즐거운 산책이다. 데크 길 중간중간 삐져나온 나무들은 그대로 살려 자연스러움을 더했다. 나뭇잎 사이로 비집고 들어오는 담양호의 경관이 각기 다른 모습으로 눈을 정화시킨다.

종점 벤치에 앉아 세상에서 가장 맛있는 계란을 먹었다. 한 모금의 물도 꿀맛이다. 돌아가는 길, 온전히 삼림욕을 즐기며 데크를 발바닥으로 느껴 본다. 타인을 위한 누군가의 숭고한 희생에 감사할 따름이다.

담양호를 걸으며

걷다 보면 들린다.
지절거리는 새소리,
자갈 밟는 발자국,
사랑을 속삭이는 연인,
엄마를 놀리는 아이,
친구를 부르는 친구,
세상사 떠드는 중년,

걷다 보면 보인다.
점점 푸르러지는 신록,
담양호 물들이는 송홧가루,
떨어지기 싫어하는 연리지,
바위를 의지해 버티는 나무,
잎새를 비집고 들어오는 햇살,
저마다 다른 풍경을 보이는 강산,

걷다 보면 느낀다.
따스한 햇살,
시원한 바람,
자연의 숨결,

풀내음 물내음,

소소한 행복,

지나간 추억,

걷다 보면 생각난다.

나를 사랑한 이들,

내가 사랑한 이들,

나를 울린 이들,

내가 울린 이들,

걷다 보면 종점에 도착한다.

그리고 깨닫는다.

인생은 산행이라는 걸.

담양호 용마루 길을 만나보세요!

▶ 하이에나길

평범한 일상에서 벗어난 '습지, 래저, 명소'

장성호 출렁다리

❀ 전남 _ 장성군

새벽녘 어김없이 인기척이 들렸다. 시골 농부의 출근길, 동이 트자마자 아버지는 부리나케 논으로 향했다. 물 장화를 신고 손에는 삽 한 자루를 들었다. 뒷산 너머 다랑논은 물관리가 가장 중요했다. 수로에 물이 들어오는 날이면 얼른 물꼬를 트고 받아야 했다. 논마다 적당량의 물이 들어오도록 막아 주고 터 주기를 잘해야 아래에 있는 논까지 골고루 물이 공급되었다.

수로에서 끌어온 물은 논으로 흐르면서 웅덩이를 만들었다. 일부러 만들기도 하고 자연스레 생기기도 했다. 물이 고여 있는 작은 웅덩이를 '둠벙'이라 했다. 둠벙은 가뭄과 홍수를 막는 벼농사의 일등공신이었다. 또한 친환경 생태계의 보고이기도 했다. 가을 추수 후 물을 퍼내고 물고기나 미꾸라지를 잡아 매운탕, 추어탕, 어죽을 끓여 먹으며 농사의 피로를 풀었다.

어느새 농촌개발이 진행되고 계단식 논들은 경지정리가 되었다. 관개시설 정비로 적당량의 물이 공급되고 기계화가 되면서 예전의 농촌 풍경은 사라졌다. 시대의 변화와 함께 둠벙은 진화했다. 내 고향 평택은 아산만 방조제를 쌓아 농업용수와 공업용수를 풍부하게 활용했다. 전국 곳곳에도 대형 저수지를 만들어 물을 적기에 공급하면서 농촌의 모습은 변해 버렸다.

그래도 다행인 것은 수리시설을 위해 만든 방조제나 저수지가 경관으로서의 한몫을 한다는 것이다. 주변에 카페, 식당, 수상스키, 데크 길등을 만들어 관광지로 변신했다.

전남에 있는 장성호는 영산강 유역 종합개발의 목적으로 1976년 높이 36m, 길이 603m의 장성댐을 만들면서 생긴 저수지이다. 저수용량

은 총 8,970만 톤, 유역 면적은 6.87km^{2}에 이르고, 관개용수, 생활용수, 공업용수를 공급하고 있다.

낚시터, 야영장, 수상스키, 모터보트 등 다양한 레저시설을 만들어 시민들에게 쉼터도 제공한다. 장성호를 따라 만든 데크는 시원하고 평온한 산책을 제공한다. 끄트머리에는 출렁다리를 놓아 짜릿한 풍경도 제공한다.

개발로 사라지는 것도 있지만 새로 얻는 것도 있다. 세상은 공평하다.

장성호 출렁다리를 만나보세요!
▶ 하이에나킴

곡성 기차마을

✿ 전남 _ 곡성군

    KTX(Korea Train Express), '한국고속철도'이다. 2004년 서울~부산 간 410km 구간을 개통하며 운행을 시작했다. 200km 이상의 속도로 달리는 KTX는 개통 초기부터 많은 관심을 불러일으켰다. 이런 유명한 KTX의 발음을 어머니는 제대로 못 하신다. 대부분의 나이 드신 시골 어르신들도 마찬가지일 것이다. 정규교육을 제대로 받지 못한 분들에게

의미조차 제대로 알 수 없는 영어 약자는 어려운 용어임이 틀림없다.

몇 년 전에는 'SRT'라는 또 하나의 낯선 영어표기가 등장했다. 민간 철도인 '수서고속철도'라는 주식회사 SR에서 운행하는 기차로, Super Rapid Train, 즉 '초고속열차'이다. 고속열차인 데다 가격도 저렴해 많은 사람들이 이용한다. 당연히 손님 중에는 KTX처럼 SRT 또한 발음과 의미를 모르고 타는 사람들도 많을 것이다.

물론 우리가 사용하는 언어들의 어원을 몰라도, 또는 제대로 발음을 못 해도 사는 데 크게 지장은 없다. 그러나 사회 구성원이 제대로 모르

는 용어들이 통용되는 사회 분위기가 왠지 씁쓸하다. 어느덧 세상의 빠른 변화에 적응력이 떨어지는 나이가 되니 이제는 왜 그리 어려운 외국어나 약자들을 사용하는지 의문이 들기 시작한다.

　'왜, 우리는 굳이 어려운 외국어나 용어, 의미를 알 수 없는 약자를 일상에서 사용할까?' 멋있어 보이고, 고급스러워 보이기 때문일까! 외국어나 어려운 단어, 즉 남들이 이해하기 어려운 용어를 쓰면 왠지 유식해 보이긴 한다. 뭔 말인지 몰라도 듣는 이는 창피해 되묻기를 꺼리게 된다. 만일 물어보더라도 그것도 모르냐며 핀잔주기 일쑤다.

요즘 젊은이들이 많이 쓰는 줄임말의 경우도 마찬가지다. 그 의미를 아는 친구들끼리 사용하는 거야 어쩔 수 없다지만 가족, 선생 등 다른 세대와 대화할 때도 습관처럼 줄임말을 많이 사용한다.

다양한 수준의 사람들이 더불어 살아가는 우리 사회가 원활하게 소통하기 위해서는 모든 사람들이 이해하기 쉬운 언어로 표현해야 한다. 상대방이 모르는 외국어나 약자를 남발해서는 안 된다. 어려운 용어는 불통의 근원이며 상대방을 배려하지 못하는 행위이다.

어려서부터 시골에서만 살았고 기차를 거의 이용하지 않았던 난 아직도 우리나라의 기차 시스템을 알지 못한다. 무궁화호가 빠른지, 새마을호가 빠른지 헷갈린다. 물론 자주 이용도 안 하고 관심이 없어서 그럴 것이다.

용어를 선정할 때 일반 국민들이 이해하기 쉬운 말로 하면 어떨까. 각 역마다 멈추는 열차면 일반열차 또는 보통열차라 부르고, 빠른 열차는 고속열차라 하면 얼마나 이해하기 쉬운가. 왜 굳이 무궁화호, 새마을호, 비둘기호, KTX, SRT 등 이해하기 난해하고 의미조차 모르는 용어를 사용할까?

그 의미도 모르고 발음조차 제대로 못 하는 손님들을 태우고 달리는 기차, KTX, 그냥 '고속철도'라고 했으면 우리 어머니도 떳떳하게 발음하지 않았을까? 좀 촌스러우면 어떤가. 뜻도 모르고 발음도 못 하는 용어보다는 낫지 않을까!

곡성 기차마을을 만나보세요!
▶ 하이에나김

해남 두륜산 전망대

🌸 전남_해남군

벚꽃이 피었다 싶더니 어느새 지고 말았다. 봄비가 이틀째 내리다 지
치자, 소담스럽던 벚꽃이 뜨락 지천에 깔려 버렸다. 눈을 들어 하늘을 보
니 어느새 뭉게구름이 피어난다. 자연은 그렇게 피고 지기를 반복한다.

무심코 하늘을 쳐다보았다. 벚나무 가지는 우람했다. 흐드러지게 향기를 뿜어내던 벚꽃, 제 역할을 다하자 하나둘씩 낙화했다.

그 사이로 요상한 뭔가가 보였다. 비행기라고 하기에는 작고, 벌이라 하기에는 큰. 기억을 더듬어 봤다. 아, 그거구나. 언젠가 아들과 보았던 영화, 모깃소리를 내며 빌딩 숲을 뚫고 이층집 옥탑방에 피자 두 판을 무사히 배달해 주던, 바로 드론이었다.

'윙～'

결국 사고야 말았다. 첫 대면, 소리부터 요란하다. 리모컨에 접지된 드론은 사뭇 분만실을 떠올리게 한다. 몸을 부르르 떨더니 우렁찬 날갯소리를 토해 낸다. 비행 버튼을 누르자 재빠르게 공중으로 떠오른다. 덜컥 겁이 난다. 당황을 감추지 못하고 이리저리 버튼을 눌러댄다. 드론이 춤을 춘다. 벽에 부딪히려는 녀석을 간신히 돌려놓았다.

일단 착륙시켰다. 숨을 고르고 마음을 진정시켰다. 야생마 같았던 드론이 가라앉고 철렁했던 조종사의 가슴도 가라앉았다. 다시 이륙 버튼에 손을 댔다. 처음보다는 나았다. 상승, 하강, 좌우 회전, 이제야 손아귀에서 놀아난다. 그렇게 난 그것을 지배해 갔다.

드론은 어느덧 예능에서 필수 촬영 장비가 되었다. 조종사는 바로 앞에 있는데 연예인들은 하늘을 향해 손을 흔든다. 손짓이 점점 멀어지면서 전체 풍경이 담긴다. 확트인 경치는 시청자의 숨을 트이게 한다.

그래서인가, 경치 좋은 유명 관광지에는 반드시 전망대가 존재한다. 안에서는 볼 수 없는 풍경을 위에서 한눈에 조망할 수 있게 하기 위함이다.

인생도 마찬가지다. 한발 물러서면 그동안 보이지 않던 것들이 하나둘 보이기 시작한다.

순천만 국가정원

❀ 전남_순천시

헌법에는 이렇게 쓰여 있다. '제11조 제1항, 모든 국민은 법 앞에 평등하다. 누구든지 성별·종교 또는 사회적 신분에 의하여 정치적·경제적·사회적·문화적 생활의 모든 영역에 있어서 차별을 받지 아니한다.'

모든 국민, 즉 개개인은 자유롭고 평등하며 차별을 받지 않는다는 것이다. 우리나라 최고법인 헌법에 명확히 규정되어 있는데, 왜 헌법의 기본정신은 지켜지지 않는 것일까? 왜 우리 사회는 개개인이 아닌 잘난 사람들만 대접을 받는 것일까?

물론, 잘난 사람이 잘못되었다는 것은 아니다. 단지 나머지 평범한

평범한 일상에서 벗어난 '습지, 레저, 명소'

다수도 중요하고 가치가 있다는 것이다. 잘나고 뛰어난 것, 외모이든 능력이든 그것은 비교에서 벌어진 것이다. 동등하게 보는 것이 아니라 비교우위를 정하는 것이다.

"여기는 볼 것 없네."

국가별로 특색 있는 정원들을 설계해 놓은 순천만 국가정원, 나라별로 정원을 돌아보던 관광객이 툭 던진 말이다.

인간 개개인이 개성과 특성이 있듯 국가도 마찬가지다. 나라마다 자연환경과 문화풍습이 다르기에 정원 모양과 형태가 다르다. 분위기와 느낌도 다르다. 비교해서 우위를 정할 필요는 없다. 다름을 인정하고 있는 그대로 받아들이면 된다.

국가별 정원을 돌다 보면 마지막 하이라이트 호수정원이 나오고, 흡사 피라미드처럼 언덕들이 봉긋 솟아 있다. 마치 우리 인생처럼 앞사람을 따라 끊임없이 올라간다. 한 방향 좁은 길이라 추월할 수도, 뛰어갈 수도 없다. 그렇게 남들 따라가다 보면 목적지에 도착한다.

언덕에 올라 넓은 정원을 둘러본다. 미간에 맺힌 땀방울을 닦는다.

'그래, 고생했다. 다음 언덕을 향해 또 그렇게 평범하게 나아가면 되는 거야.'

순천만정원 봉화언덕

앞선 이 가는 대로
스름스름 걸어가면
그게 내가 갈 길이었구나!

아무런 불평 없이
그렇게 따라가면
결국 다 만나는 걸.

돌고 돌아
언덕 저편에서 만나는 게
우리네 인생일 텐데

뭘 그리, 저항하려 했던가!
왜 그리, 앞지르려 했던가!

그러게 말이다.
지나고 나면
아무것도 아닌 것을.

순천만 국가정원을 만나보세요!
▶ 하이에나김

특색이 녹아 있는
'섬, 마을, 도시'

청산도

(2018년 섬 여행 후기 공모전 장려상)

🌸 전남 _ 완도군

뒤척이길 몇 번, 좀처럼 잠이 오질 않았다. 내일 완도항에서 떠나는 청산도행 배편이 걱정이었다. 며칠 전 전화로 문의했지만 기상 여건상 당일이 돼야 운항 여부를 알 수 있다고 했다. 한 달 전부터 예약해 놓은 배편, 40명을 이끌고 청산도를 다녀와야 하는 인솔자의 마음은 종일 찌푸린 날씨 탓에 마음 편히 잠을 이룰 수 없었다.

졸린 눈을 비비며 일어나 집결지에서 관광버스를 타고 완도항으로 향했다. 버스 안에서 잠을 청했다. 긴장 탓인지 좀처럼 잠은 오질 않고 빼꼼히 고개를 내밀어 창밖 하늘만 쳐다보았다. 다행히 하늘은 맑게 갰다. 완도항에 도착해 인원 체크를 하고 청산농협을 통해 예약해 놓은 배표를 나눠 주었다. 가장 중요한 신분증, 며칠 전부터 신신당부했기에 다행히 다들 빼먹지 않고 챙겨 왔다.

일찍 서두른 탓에 시간 여유가 있어 완도항 맞은편에 있는 완도타워에 오르기로 했다. 가파른 산등성이 마치 등대처럼 타워는 바다를 향해

우뚝 솟아 있었다. 시간을 아끼기 위해 모노레일을 타고 올랐다. 봄꽃으로 물들어 가는 일출공원을 따라 올라가는 모노레일 안에서 슬며시 얼굴을 드러내는 다도해의 모습, 올라갈수록 기대감은 한층 커졌다. 드디어 완도타워에 오르니 자연이 채색한 푸른 바다와 섬들의 자태, 드론으로나 볼 수 있는 최고의 멋진 풍광이 우리를 맞이했다.

　10분 전부터 탑승을 시작했다. 잠도 못 자고 피곤할 텐데 발걸음은 왠지 가벼웠다. 표를 내고 항구로 나가는 순간, 여객선 크기에 압도되어 가슴은 쿵쾅거리기 시작했다. 여객선은 상상을 초월했다. 1층 갑판 주차장에는 대형버스부터 포클레인까지 수십 대가 끊임없이 들어갔다. 승객들은 주차장 옆 계단을 통해 2층으로 올라갔다. 흔치 않은 여객선 여행, 설렘과 기대로 가득 찬 마음은 출렁이는 물결에 더욱 진정되지 않았다.

드디어 뱃고동을 울리며 출항했다. 시원하게 물살을 가르며 달리는 여객선 뱃머리에서 바라보는 다도해 해안 풍경은 그 자체가 세계유산이었다. 솜사탕 같은 구름이 하늘색을 돋우어 주고, 에메랄드빛 푸른 바다와 섬들이 그려 내는 환상적인 그림, 얼마나 아름다운지 한동안 눈을 떼지 못했다. 이런 풍경을 이 나이 되도록 모르고 살아왔다니! 왠지 억울한 생각마저 들었다.

청산도항까지는 1시간이 걸린다고 했다. 승객들은 여객선과 남도를 배경으로 인증 사진을 남기기에 여념이 없었다. 흥분된 마음을 가라앉히기 위해 배 투어에 나섰다. 조금씩 다른 모양과 미로 같은 선실 여기

저기를 돌아다니며 탐방을 시작했다. 바닥에 장판을 깐 객실, 의자가 놓여 있는 객실, 그 안에서 동료들과 조잘대는 승객들, 2층, 3층까지 다 둘러보는 데 시간이 꽤 걸렸다. 2층 매점에서 시원한 아메리카노를 사 들고 다시 뱃머리로 나갔다. 바닷바람에 내 나름 멋있는 척을 하며 카페인과 함께 남은 여운을 삼켰다.

해외여행의 시작은 공항에서부터 시작된다고 한다. 출국 수속을 마치고 탑승해 비행기가 이륙하는 순간, 설렘은 최고조에 이른다. 섬 여행도 마찬가지다. 여객선을 타고 바다로 나아가는 순간, 이미 여행은 시작된 것이다.

청산도항에 도착했다. 다들 뭐가 그리 급한지 배가 정박하기도 전에 객실에서 입구까지 줄을 섰다. 성질 급한 대한민국, 아니, 필시 한시라도 빨리 청산도를 보고 싶었으리라. 청산도항에 내리니 미리 섭외한 해설가가 우리를 반갑게 맞이했다. 오 여사라는 분인데 청산도에 사시는 본토박이였다. 인근 주차장에서 청산도에 상주하는 관광버스로 갈아타고 첫 번째 코스인 '서편제 촬영지'로 출발했다.

"왜 청산도라 하는지 다들 알지라~"
오 여사는 친숙한 인상과 구수한 사투리로 우리의 귀와 시선을 사로잡았다. 중간중간 농담을 섞어 가며 청산도의 역사와 문화, 관광지를 자

세히 설명해 주었다. 사시사철 푸른 섬, 신선이 산다는 섬이라 하여 '선산도'로도 불리는 청산도! 그곳에 드디어 도착한 것에 실감이 나는 순간이었다.

유채꽃이 노랗게 나풀거리는 '서편제 촬영지'인 당리 언덕길에 오르니, 이미 내 머릿속에는 대학 시절 개봉했던 임권택 감독의 '서편제' 영화 필름이 돌아가고 있었다. 2011년 국제슬로시티연맹에서 청산도를 세계 슬로 길 1호로 공식 인증했다는 오 여사의 말에 다들 걸음이 느려지기 시작했다. 돌 모양 스피커를 통해 들리는 오정해의 구슬픈 판소리! 우리는 모두 유채꽃 길을 천천히 걸으며 느림의 미학을 즐겼다.

두 번째 코스는 마을이 온통 돌담길인 '상서돌담마을'이었다. 농촌 어디에나 있는 시골 마을에 돌담이 더하니 정겨움 그 자체였다. 돌담을 타고 올라간 담쟁이넝쿨은 시원한 푸름을 더했다. 돌담 너머 슬며시 보이는 전통 한옥마루는 훌러덩 드러누워 한숨 청하고픈 생각이 절로 나게 했다. 같은 듯 다른 듯 마을 돌담길을 한 바퀴 돌아 나오며 기분 좋은 동네 산책을 즐겼다.

마을 어귀에는 층층이 계단식 논에서 모내기가 한창이었다. 논물에 담긴 하늘은 그 푸른색을 조금도 잃지 않은 채 빛나고 있었다. 계단식 다랑논은 세계중요농업유산에 등재된 테마인 구들장 논으로 유명하다. 유일하게 청산도에서만 발견되었는데 우리나라 온돌문화를 논에 접목한 것이다. 돌을 세로로 여러 줄 쌓고 그 위에 구들장을 올려놓은 후 흙으로 덮었다. 그곳에 벼를 심으면 논물이 잘 빠지지 않아, 돌이 많고 흙과 물이 부족한 청산도의 지리적 특성을 보완했다.

이름의 유래처럼 푸른 섬과 바다가 만들어 내는 청산도의 멋진 자연
경관, 그리고 유채꽃 길, 돌담, 구들장 논에서 만끽하는 느림의 미학! 새
벽부터 배를 타고 온 보람이 있었다. 남도에서도 뱃길을 따라 한참을
들어와야 하는 청산도! 이 아름다운 환경과 문화유산을 지키고 이어 가
는 마을 주민들 덕분에 우리 모두 그 혜택을 맛보고 있다.

한창 세간의 화제였던 수저의 재질, 우리는 모두 금수저를 물고 태어
나길 희망한다. 처음부터 기반이 갖춰지고 좋은 조건과 환경에서 살아
가는 것은 확실히 비교우위의 삶이리라. 멋있는 외모, 뛰어난 재능, 많
은 재력 등 부모에게 물려받는 육체적 · 정신적 · 물질적 유산들은 후손
에게는 금수저임이 틀림없다.

    부모가 자손에게 남기는 개인의 유산도 있지만 조상들이 후손들에게
남겨 주는 공용의 유산도 있다. 인간은 삶에서 얻은 지혜, 기술, 경험 등
을 통해 많은 것을 만들고 남긴다. 그것들은 우리 사회를 계속 유지 ·
발전시키는 원동력이 되어 왔다. 유네스코는 그 유산들에 관심을 가지
고 역사적 · 학문적 가치를 부여했는데 바로 1972년부터 시작한 '세계
유산'이 그것이다.

    이와는 별도로 농업 분야는 '세계중요농업유산'을 지정하여 인류와
함께해 온 농업유산을 지켜 왔다. 우리나라는 2014년 '청산도 구들장
논'이 처음으로 등재되었다. 우리 조상들의 삶과 지혜, 땀과 노력이 담
겨 있는 곳이며 아직도 유산상속이 이어지는 중이다.

　유산이란, 우리가 조상들로부터 물려받은 선물이며 잘 활용한 후 다시 우리 후손들에게 물려주어야 할 자산이다. 과거, 현재, 미래로 이어지는 우리 인류의 반복적인 유산상속물이다. 조상으로부터 아름답고 화려한 금수강산을 고스란히 물려받은 우리는, 분명 모두 금수저를 물고 태어난 것이다.

청산도를 만나보세요!
▶ 하이에나김

순천 낙안읍성

❀ 전남 _순천시

'남들은 자유를 사랑한다지마는, 나는 복종을 좋아하여요. 자유를 모르는 것은 아니지만, 당신에게는 복종만 하고 싶어요. 복종하고 싶은데 복종하는 것은 아름다운 자유보다 더 달콤합니다.'

만해 한용운은 '복종'이라는 시에서 자유보다는 복종을 원한다고 했다. 누구나 원하는 자유를 거부해 도저히 이해할 수 없었던 그의 시가 이제야 실감이 난다.

어릴 적 그토록 부모님에게서 벗어나고 싶었는데, 지금에서야 그 시절이 가장 행복했다는 걸 깨닫는다. 부모님이 모든 걸 보살펴 주었던 시절, 그래도 그때가 가장 편했다.

연인 간에도 서로 구속하며 행복해한다. 잠시 자유를 원하다가도 관심이 덜하다 싶으면 애인에게 되레 화를 낸다. '나를 사랑하지 않느냐?'라며 투정을 부린다.

낙안읍성 성곽을 걸으며 필시 이런 느낌이었다. 자유와 구속, 해방과

특색이 녹아 있는 '섬, 마을, 도시'

속박, 마치 그 경계와도 같은, 높고 튼튼한 성곽이 꼭 그런 느낌으로 내게 다가왔다.

서슬 퍼런 창이 꽂혀 있는 성곽, 펄럭이는 깃발은 자유와 불안을 모두 담고 있었다. 바깥 공기는 자유롭지만 불안했다. 반면, 담장에 갇혀 있는 성안은 답답하지만 평온했다.

성안으로 들어가는 관광객들을 멀리하고 우선 성곽 위로 올라갔다. 성곽 안과 밖을 번갈아 보며 그 느낌을 알고 싶어졌다. 설렘을 안고 사뿐히 성곽 위를 밟았다.

새끼줄 꼬아 옭아맨 초가집 지붕들이 펼쳐졌다. 과거 우리 조상들의 역사를 오롯이 간직한 살아 있는 문화재이다. 성곽을 두르며 펄럭이는 깃발, 밖에서 불어오는 바람에 펄럭거리지만 성안으로 들어가면 바람은 이내 잠잠해진다.

잠시 보초병이 되어 본다. 밖을 보니 드넓은 들판 너머 언제 적들이 몰려올지 걱정이다. 눈을 성안으로 돌리니 그런 마음이 어디 갔는지 평

온하기 그지없다. 새들도 성안이 안심되는지 마을 어귀 높디높은 나무 위로 떡하니 집을 지어 놓았다.

언덕배기에 올라 성안을 훑으니, '과거와 현재가 만나는 아름다운 동행'이라는 표현이 어울린다. 과거의 모습을 간직하며 지금도 성안에 실제로 주민이 거주하고 있다. 집마다 예스러운 물건들이 가득하다. 내 기억 속에서도 잊히지 않는 것들, 아련한 추억들이 떠오른다.

돌담길 돌아 나오며 과거와 작별한다. 마치 타임머신을 타고 조선을 여행한 기분, 아직도 살아 숨 쉬는 역사 속으로의 평온한 산책을 즐겼다.

낙안읍성

달랐다.
분명, 느낌이 달랐다.

개똥이 병사도 그랬을까?
잠시 그가 되어본다.

성곽을 걸으며
밖을 바라보니
왠지 모를 두려움에 오싹.

얼른 눈을 성안으로 돌린다.
즐거워 보인다.
안락해진다.

발바닥에 한 움큼 힘주고
빼꼼히 내려다보니
아찔하다.

그래 이 정도면 왜놈들 오르지 못하겠지.
입가에 절로 미소 돋는다.

팽나무 언저리 까치집,
그래, 새들도 성안이 평온한가 보네.

뒤편 바위산 바라보니
근엄한 눈빛에 화들짝,
순찰을 재촉한다.

순천 낙안읍성을 만나보세요!
▶ 하이에나김

담양 추억의 골목

❀ 전남 _ 담양군

학창 시절 가수 이선희는 우상이었다. 데뷔곡 'J에게'는 여린 미음으로 시작해, 카랑카랑한 고음으로 올라가는 게 매력이었다. J를 사랑하는 여주인공의 풋풋한 사랑 이야기에서 소녀 감성이 물씬 풍겼다. 젊은 남녀의 평범한 사랑과 이별 노래였는데 싱싱한 멜로디와 목소리가 어울려 대히트를 쳤다.

어느덧 20여 년이 흐르고 이선희는 '그중에 그대를 만나'라는 신곡을 발표했다. 노랫말에서 진한 삶의 향기가 느껴졌다. 노래를 들을 때마다 옛 추억을 끄집어내게 했다. 인생의 맛이 허우룩하게 느껴지는 나이에, 몇 번을 들어도 가슴에 와 닿는 애절한 가사였다.

이선희 노래에 나오는 주인공들은 지극히 평범했다. J도 그랬고, '그중에 그대를 만나'도 그랬다. 우리 주위에서 흔히 볼 수 있는 이웃들의 이야기를 그렸다. 지극히 평범하고 흔하디흔한 이야기에 빠져 괜스레 눈가가 그윽해지기도 했다.

노래를 들으며, 혹은 영화를 보며 생각했었다. 왜 내게는 첫사랑 수기 공모에라도 낼 만한 드라마틱한 만남이 없을까?

아니다. 우리가 그토록 빠졌던 이선희 노래처럼 영화 같은 만남이 아닌 평범한 만남일지라도 의미가 있다. 만나기 전까지 전혀 몰랐던 두 사람이 소중한 인연이 되어 가는 것은 아무리 평범한 만남이라도 가장 아름다운 순간이다. 가족이든, 연인이든, 친구이든, 아니면 사람과 동물이든 다 마찬가지이다. 모든 인연은 의미가 있고 소중하다.

별처럼 수많은 사람들 중에 한 사람을 만나는 '인연'은 모두가 다 소중하다. 인연으로 이어지지 않더라도, 단지 스치는 만남이라도 하찮은 것이 아니다. 짜릿한 만남, 밋밋한 스침, 그리고 헤어짐, 모두가 지금의

우리를 있게 만든다.

　평범한 만남! 그 만남이 지금의 나를 존재하게 했다. 영화처럼 화려하거나 애절하지는 않더라도 나에게는 소중한 평범함이다.

　줄곧 살았던 시골에는 공부할 여건이 녹록지 않았다. 버스를 타고 시내에 나와야 그나마 공부방이 있었다. 공부방의 문을 열고 들어서는 순간, 정말 시간이 멈춘 듯했다. 셔터를 누르면 터지는 강렬한 플래시 같은 순간이었다. 몇 명 안 되는 사람 중에 그녀만이 유독 눈에 들어왔다. 자분자분한 그녀를 보는 순간, 책 속의 글자들은 머릿속에서 흩어져 버렸다.

'무슨 공부를 하고 있을까! 남자 친구는 있을까!' 매일매일 공부가 아닌 그녀를 보러 공부방에 갔다. 페이지만 넘어가지 도통 공부에 집중이 되지 않았다.

"커피 한잔 하세요!"

며칠을 끙끙 앓다가 대단한 결심을 내렸다. 공부방에 들어가기 전 큰 호흡 한 번, 결국 그녀에게 말을 걸고야 만 것이다. 자판기에서 캔 커피를 하나 뽑아 들고, 그녀 책상으로 다가가 쓱 밀었다. 해 본 적이 없기에 누가 보면 소름 돋을 정도로 쑥스러움이 가득한 어투였다. 서슴거리는 행동이 우스웠던지 그녀도 어색한 미소를 지어 보였다.

그 커피 한잔으로 우리의 우연한 만남은 필연이 되어 결혼으로 이어졌다. '옷깃만 스쳐도 인연이다.'라는 거창한 말이 아니더라도, 70억 명이 넘는 개체로 볼 때 단지 살짝 스친 만남이라 하더라도 큰 인연이다. 이 순간 결혼해 함께하는 대부분의 부부들은 모두 과거 어떤 평범한 만남이 그 시초였다.

그렇게 어리숙한 만남을 거치면서 우리는 인연을 완성해 나간다. 평범하든, 화려하든 모두 소중한 인연이다. 필연이든, 우연히든 모두 만남을 이루고자 하는 바람이 깃든 의미들이다. 그런 사소하고 일상적인 만남이 모여 전체를 이룬다. 그걸 인연이라 부를 뿐이다.

담양 추억의 골목을 만나보세요!

▶ 하이에나김

여수 밤바다

🏵 전남_여수시

'너와 함께 걷고 싶다. 이 바다를 너와 함께 걷고 싶어.'

그렇게 함께 걷고 싶다고 외치는 '여수 밤바다'는 과연 어떤 곳일까!
어느 청년의 아르바이트 추억이 노래가 되어 세상에 울려 퍼졌다. 그리
고 젊은 연인들의 발길이 끊이질 않았다. 여수 밤바다는 점점 낭만으로
물들어 갔다.

　오동도는 세월에 조각되어 오동잎을 닮아갔다. 시원한 바람골에 서면 등줄기에 흐르는 땀은 금세 식어 버린다. 해상 케이블카에 몸을 신자 멋진 다도해 풍경이 펼쳐진다. 투명한 바다, 짜릿한 해상체험은 기분 좋은 긴장감을 주며 밤을 기다리게 한다. 짐을 풀고 낭만포차로 향한다. 친구, 연인, 가족들이 하나둘 자리를 잡으면 여수 밤바다는 드디어 모습을 드러낸다.

　딱새우 꽁지를 잡고 한 입 베어 물면 바다 내음이 입안 가득 퍼진다. 대교 불빛을 등대 삼아 유람선은 미끄러진다. 이순신 장군은 달 밝은 밤에 수루에 홀로 앉아 큰 칼 옆에 차고 깊은 시름에 잠겼겠지. 그 덕분에 지금 우린 고요한 아름다움을 즐기는구나.

여수 밤바다의 여운은 결국 깊은 잠을 방해한다. 피곤하지만 낮 바다도 봐야겠지. 바다를 품은 사찰, 향일암에 올라 드넓은 망망대해를 바라본다. 하필 가는 날이 장날이라고 궂은 날씨 탓에 쉽게 자태를 드러내지 않는다.

특색이 녹아 있는 '섬, 마을, 도시'

비좁고 어두운 동굴을 빠져나오면 광명이 기다리는 게 인생인가. 종
아리가 뻐근해질 무렵, 본전에 도착하니 마음씨 좋은 스님은 떡과 수
박을 선뜻 내어놓는다. 세상에서 가장 융숭한 대접을 받고 약수에 입을
헹구니 개운하기 그지없다. 돌산 갓에 동동주 한잔으로 아쉬움을 달래
며 발길을 돌린다.

'여수 밤바다 이 조명에 담긴 아름다운 얘기가 있어. 네게 들려주고
파 전활 걸어 뭐 하고 있냐고. 나는 지금 여수 밤바다 여수 밤바다.'

계속 같은 구절만 입에 맴도는 '여수 밤바다', 그 낭만의 장소에 아름
다운 추억을 새겨놓는다.

밤하늘

고개 들어 하늘 본다.
한 줄기 빛이 어둠을 가른다.

혹여 저기서도 여길 쳐다보나
슬며시 별빛을 쏘아본다.

의심을 품은 바람은
광년을 타고 흐른다.

어쩌면
내가 나에게
보내는 눈짓일지도

먼지처럼 작은 우주
티끌처럼 작은 인간
사라져 버릴 의미
분명 저기 또 다른 존재가 있을 거야!
그렇게 믿어본다.

여수 밤바다를 만나보세요!
하이에나김

전남 산림자원연구소

🌸 전남_나주시

'일체유심(一切唯心).'

나이가 들고 경험이 쌓이면서 비로소 이해되는 말 중 하나다. 세상의 모든 일은 마음에서 비롯된다는 뜻으로 마음먹기 나름이라는 말이다.

'그런 게 어딨어? 지금 당장 힘든데 마음을 바꾼다고 힘든 게 없어지나!' 지금까지의 생각이었다. 보이지도 않는 마음이 뭔 소용이 있고, 뭔 힘이 있겠냐는 의문이었다.

가난해도, 힘들어도, 괴로워도, 슬퍼도, 자기보다 못한 사람을 생각하고, 지나고 나면 모두 부질없다는 말들, 도덕책에나 나오는 공자 왈 맹자 왈이라고 여겼다.

신라시대 원효대사와 의상대사는 중국에서 불교를 배우기 위해 먼 길을 떠났다. 어느 날 동굴 속에서 피곤한 나머지 잠이 들었고 한밤중 목이 말라 더듬거려 머리맡에 있는 그릇에 담긴 물을 맛있게 마셨다. 다음 날 아침 눈을 뜬 원효는 깜짝 놀랐다. 한밤중에 마신 물이 해골에

고인 썩은 물이라는 것을 알았기 때문이다.

하룻밤 사이 원효는 큰 깨달음을 얻었다. 뭐든지 마음먹기에 달려 있다는 생각에 그는 중국 유학을 포기했다. 모든 사상이 마음에서 나오는 것인데 여러 종파가 대립하거나 갈등하는 것이 얼마나 부질없는 것인가를 깨달았다. 그 후 원효대사는 파계승이 되어 민중 속에 묻혀 불교 대중화에 힘을 쏟았다.

우리 인생에는 원하든 원치 않든 다양한 일들을 겪으면서 변화를 거친다. 그 변화로 괴롭기도 하고, 후퇴하기도 하고, 성장하기도 하고, 깨달음을 얻기도 한다. 그중에서 가치관의 큰 변화를 불러일으켜 인생의 전환점이 되는 커다란 사건들도 벌어진다.

내 인생에 그런 것이 무엇일까! 회상해 보면 세 가지가 있었다. 첫 번째는 40대를 넘은 순간이었다. 마냥 젊고 청춘으로만 살 줄 알았다. 불혹의 나이인 40대는 부모님이나 어른들만의 세대라 생각했다. 절대로 나와는 상관없는 나이인 줄 알았던 40살을 넘어서면서, '나도 어른이 되고 늙는구나! 그리고 죽을 수도 있겠구나!' 그즈음 난 직장을 옮겼다.

특색이 녹아 있는 '섬, 마을, 도시'

두 번째는 일본 유학이었다. 인생에서 한 번쯤은 해외에서 살아 보고 싶은 욕망에 유학 시험을 준비했다. 어렵게 합격하고 2년 반의 긴 해외 생활을 했다. 아이들과 해외에서 생활하면서 많은 경험을 했고 내 가치관도 크게 변했다. 가족과의 관계, 문화·관습의 차이, 일과 행복, 인생 등 많은 생각을 했다.

세 번째는 오랜만에 뵌 부모님의 모습이었다. 유학 후 몇 년 만에 뵌 부모님은 어느새 늙어 계셨다. 언제나 40대 평범한 어른의 모습으로만 기억되던 부모님이 이제는 우리나라 평균수명 나이에 접어들었다. 외모적으로도 부쩍 늙었고, 언젠가는 헤어질 것이라는 생각이 들었다. 순간 우리의 만남이 이제 얼마 남지 않았다는 생각에 한없이 가슴이 저미었다.

삶의 변화를 더욱 절실히 느끼게 하는 가을, 어느새 그 가을마저 지나가려는 듯 단풍도 낙엽이 되어 간다. 불그스름한 단풍들이 어느새 한 잎 두 잎 떨어지는 계절, 인생의 덧없음을 느끼지만, 그래도 다시 봄이 오고 꽃이 피고 잎이 나오겠지!

나주 산림자원연구소

난 나무가 되고 싶소.
언제나 한결같은 나무가 되고 싶소.

바람이 부는 대로
새가 지저귀는 대로
다람쥐가 간질거리는 대로
그냥 그대로

철이 바뀌면 옷 갈아입고
해가 바뀌면 살찌우고
그 자리에서 그대로

햇빛을 두려워 않고
바람을 거부하지 않고
이슬에 만족하고
비와 눈에 몸을 맡기고

상처 입지 않으며
폐 끼치지 않는

어제 그대로 내일 그대로

꾸밈도 없고, 속임도 없이

그냥 그대로 영원히

난 지금 나무를 느끼고 있소!

특색이 녹아 있는 '섬, 마을, 도시'

함평 자연생태공원

🐸 전남 _ 함평군

'꽃이 왜 좋을까?'

함평 자연생태공원으로 향하다 문득 궁금했다. 국화 향이 가득한 공원에 도착해서도 해답을 찾지 못한 채 멍하니 걷기만 했다.

'예쁘잖아.'

머릿속엔 진부한 대답만이 맴돌았다. 다른 답을 찾으려고 할수록 머리는 더 복잡해졌다. 가장 교과서적인 답으로 되돌아오길 반복하며 헤어나질 못했다.

국화, 장미, 난, 분재, 나비, 꽃과 생물들이 어우러진 말 그대로의 생태공원, 끝 편 대동저수지까지 다다르니 제법 규모가 커 보였다. 저수지 위로 만든 데크 길을 홀로 걸으며 끊임없이 뿜어 나오는 분수 앞에서 해답을 갈구했지만, 생각은 물줄기처럼 갈기갈기 찢어져 버렸다.

되돌아오는 길에 뛰노는 아이들과 그 아이들을 사진으로 담는 엄마 아빠의 밝은 표정을 보는 순간 문득 걸음을 멈췄다. 두어 시간 동안 무

표정으로만 걷고 있었던 사실에 문득 소름이 돋았다.

몇 년 전의 나는 전혀 달랐다. 지나치는 나무와 꽃과 심지어는 풀 한 포기에도 행복한 표정을 지었었는데, 언제부턴가 표정이 사라졌다.

발레리나 강사가 가장 강조하는 건 '표정'이라고 한다. 동작의 완성은 표정이라며 연습시간 내내 '표정'을 지으라고 외쳐댄다. 발끝으로 디디며 뛰어오르기를 반복하는 제자들은 힘든 와중에도 스승의 지적을 자각하며 표정관리에 애쓴다.

힘들어도 내색하지 않고 밝은 표정을 짓는 발레리나는 우리 인생과 너무나 닮았다. 회사에서 일, 대인관계에 스트레스를 받고 집에 돌아와도 표정관리를 해야 한다. 부모를 만나도 내색하지 않아야 한다. 난 전혀 힘들지 않다고. 힘든 표정을 짓는 순간, 그걸 보는 이들이 더 힘들어한다는 걸 알기에.

꽃은 언제나 밝은 표정만 짓는다. 그래서 보는 이를 행복하게 한다. 바람과 비와 추위와 더위와 곤충이 괴롭혀 힘들어도 꽃은 밝은 표정을 짓는다. 이것이 바로 꽃이 좋은 이유다.

함평 자연생태공원을 만나보세요!

▶ 하이에나김

삶의 의미를 생각하게 하는

광주 5.18 기념공원

✿ 광주_서구

"부자가 천국에 가는 것은 낙타가 바늘구멍에 들어가는 것보다 어렵다."

목사님의 설교 말씀을 듣고 겉으로는 고개를 끄덕이면서도 속으로는 의구심을 품었던 말이다.

'가난뱅이로 살다 천국 갈래? 부자로 살다 지옥 갈래?'라고 묻는다면 나는 당연히 후자를 택할 것이다. '착한 가난뱅이, 나쁜 부자'라는 수식어를 붙인다면 살짝 망설일지라도 결국 후자를 택할 것이다. 우리는 가난이 죄인 세상을 살아가고 있다. 가난은 무능력이고 게으름이라 평가한다.

부자와 가난이라는 선택을 떠나서, 이 질문은 나에게 공허한 물음이었다. 삶을 평가하는 기준에 증명되지 않은 사후 세계가 등장하면 의미가 없어진다. 있는지 없는지도 모르는 사후를 위해 현재를 담보한다는 건 불합리하다. 설령 있다고 하더라도 누가 먼 미래를 위해 현재를 희

특색이 녹아 있는 '섬, 마을, 도시'

생할까! 당장 내일의 기다림도 인내하지 못하는 게 우리 인간이다.

그럼 부자로 사는 것이 의미 있을까? 난 항상 이 물음에 약해졌다. 부자든 가난뱅이든, 행복하든 불행하든, 그게 무슨 의미가 있을까? 결국 죽는다면 말이다.

결론이 같다면 과정이 어땠는지가 중요하지 않다. 생각의 실타래는 점점 얽혀 갔다. 행복한 사람도 죽고 불행한 사람도 죽는, 죽으면 모든 게 끝이 아닌가 하는 허무감이 밀려왔다.

그렇다면 현재 어떻게 사는가는 무의미한 건가, 대충 아무렇게나 살아도 되는 건가, 삶의 의미가 없어진다.

의미를 부여해야 한다. 그러기 위해서는 내 삶을 평가할 누군가를 설정해야 한다. 종교인이 신의 평가를 두려워하듯, 우리는 남의 평가를 의식해야 한다. 끊임없이 남에게 평가받고, 또 남을 평가해야 한다. 그러면 삶의 의미가 부여된다.

'난 다른 사람 신경 안 쓰고 내 맘대로 살아.'

분명 거짓말이거나, 진심이라면 그는 의미 없이 삶을 살아가는 거다. 우리는 남을 의식한다. 우리가 사는 이유이다.

광주 5.18 기념공연을 만나보세요!
▶ 하이에나김

그리움 가득한

광주 문화역사마을

🌸 광주_남구

옹골차다. 방앗간 제병기 구멍을 빠져나온 떡 줄기는 이내 하얀 속살
을 드러낸다. 팔뚝 힘 좋아 보이는 방앗간 집 아들이 투박한 가위질을
시작한다. 어림짐작으로 적당히 툭 자르니 스르르 고무 대야 안으로 첨
벙, 엉기성기 가라앉더니 찬 기운에 잔뜩 옹그려진다.

슬그머니 지켜보던 젊은 아낙은 가락 한 줄기 놓칠세라 눈매를 치켜 세운다. 이미 방앗간 안은 온통 수증기 범벅이다. 찐 멥쌀에서 뿜어져 나온 수증기들이 아침 댓바람부터 머리에 한 짐 이고 나온 어머니의 이마를 적신다.

모락모락, 노천욕을 끝낸 흰 가래떡들은 실오라기 하나 걸치지 않고 풋풋한 쌀 내음을 풍기며 움찔거린다. 떠꺼머리총각의 무심한 칼질에 떡 줄기는 옴짝달싹 못 하고 자지러진다. 일렬종대로 세워진 가래떡은 하얀 포대에 싸여 어머니 머리 위에 얹어진다.

동짓달이 다가오면 어머니 따라 동네 방앗간에서 본 기억 속 풍경. 포대 안에 이고 갔던 쌀알들이 기다란 가래떡으로 변하면 어머니는 온기가 서려 있는 떡 두어 개를 뜯어내 내 입에 얼른 물리셨다.

가래떡은 시간이 지날수록 빳빳해지지만 윤기를 더했다. 한산한 겨울밤이 되면 그놈들을 슬며시 꺼내 어슷어슷 썰어 버렸다. 다음 날 구수한 장국에 넣어 가마솥에서 풀풀, 뒷마당 닭장에서 꺼내온 계란 두어 개를 풀어 넣으면 맛은 더욱 깊어졌다.

여름내 힘겨운 품팔이로 모은 쌈짓돈 털어 큰맘 먹고 사 온 소고기 한 근을 썰어 넣어야 제격이다. 먹을거리 없던 추운 겨울, 기다란 가래떡은 그렇게 하나둘씩 자신을 희생하며 우리의 허기를 채워 주었다.

가마솥 장작불, 기다란 가래떡에 젓가락을 꽂아 살짝 익히면 맛있는 주전부리가 되기도 했다. 끈적거리는 조청을 듬뿍 발라 쩝쩝 씹어 먹던 그 가래떡. 나에게 가래떡은 자를 수 없는 그리움이다.

수많은 떡 브랜드와 프랜차이즈가 생겨나도 볼품없는 가래떡의 그리움을 잊지 못하는 건 무엇일까? 아마 그리운 건 가래떡이 아니라, 춥고 배고픈 시절 정감 넘치던 그때가 아닐까!

광주 문화역사마을을 만나보세요!
▶ 하이에나김

나주 홍어 거리

❀ 전남_나주시

"나의 친구, 김정은."

도널드 트럼프 미국 대통령이 2019년 12월 28일 열린 하노이 북미 회담에서 김정은에게 한 말이다. 그렇게도 다정히 부르며 친분을 과시했던 그들, 그러나 회담은 결렬되었다. 오찬장도 서명식도 취소되었고 둘은 각자의 나라로 돌아갔다.

결국, 그들은 서로의 입장을 좁히지 못하고 합의를 이루지 못했다. 이유는 무엇일까? 상대방의 요구는 들어줄 생각 없이 자신의 입장만 밝혔기 때문이다. 북한은 제재 완화를 요구했고, 미국은 완전한 핵 포기를 요구했다.

아무리 친한 사이라도 남이기에 상대방의 요구는 받아들이지 않은 채 자기의 주장만을 내세운다. 그리고 그런 속내를 시원하게 밝히지 않는다. 서로 간에 오해가 생기고 서로에게 상처를 준다. 이로 인해 만나기 전보다 더 나쁜 원수가 되기도 한다.

일본 유학을 계기로 만난 일본인 친구가 찾아왔다. 우리나라에 출장을 온 김에 잠시 나주에 들렀다. 주말 동안 가이드 겸 나주 관광을 시켜 주었다.

약 1년 만에 만난 그를 다시 보니 감회가 새로웠다. 일본 유학을 마칠 때쯤 나를 보기 위해 도쿄에서 교토까지 찾아왔던 그였다. 반가움 한가득 안고 첫날 저녁은 이자카야를 찾아 유학 당시 분위기에 흠뻑 젖었다.

다음 날 우리는 금성관과 목사내아를 둘러보고 영산포 홍어 거리로 향했다. 홍어 거리 입구 표지판에는 나주의 아픈 역사가 숨어 있었다. 일제강점기에 일본은 우리나라의 쌀을 수탈했다. 영산강 물길을 통해 쌀을 이동했고, 여기 나주에 그 역사의 현장인 동양척식주식회사가 남아 있었다.

일제강점기가 시작되고 1910년대에 일제는 토지조사를 통해 우리 농민의 토지를 3분의 1이나 약탈했다. 1920년대에 들어서는 산미증산계획이라는 명목으로 우리나라 쌀을 수탈했다. 1924년 10월 21일 자 동아일보에는 고창군 인구의 30%가 하루 한 끼밖에 못 먹는다는 기사가 실리기도 했다.

토지조사와 산미증산계획은 동양척식주식회사를 통해 이루어졌다. 1908년에 설립한 동양척식주식회사는 조선 땅의 개간과 농업 발전을 돕는다는 명목을 내세웠지만, 실제로는 토지와 자원을 빼앗는 역할을 했다.

동양척식회사는 조선 최대의 지주가 되어 농민들에게 땅을 빌려주거나 곳곳에서 직접 농장을 경영했다. 소작농으로 전락한 농민들은 수확의 절반 이상을 소작료로 내야 했다. 분노한 민심은 극에 달했고, 결국 의열단의 나석주는 동양척식회사 본점에 폭탄을 투하하기도 했다.

'빼앗긴 들에도 봄은 오는가?'

시인 이상화는 빼앗긴 조국을 통탄하며 시를 썼다. 일제강점기에 우리 백성들은 일본인 지주들에게 반 이상의 소작료를 바치며 굶어 갔다. 그들은 항상 겨울이었다. 땅도 뺏기고 먹을 것도 없었던 우리 백성들은

나주 홍어 거리

머나먼 만주로 이주했다. 이주민은 1919년에는 40만 명, 1930년에는 60만 명, 1935년에는 80만 명으로 늘어났다.

반대로 일본은 식민지를 통해 우리나라를 근대화시켰다고 주장했다. 쌀 수탈에 대해서는 정당하게 시장가격을 주고 쌀을 구매해 일본으로 수출한 것이라고 했다. 양국의 역사를 알고 있는 그는 그곳을 보고 싶어 했다.

"그러나 지금은 들을 빼앗겨 봄조차 빼앗기겠네."

이상화의 시는 이렇게 끝난다. 처참한 시대를 반영한 이 시 구절이 생각나 울컥한 기분이 들었다. 그에게 묻고 싶었다.

"당신은 어떻게 생각하느냐? 쌀 수출인가, 쌀 수탈인가?"

그러나 묻지 못했다. 나주의 속살을 함께 들춰 본 우리는, 뭐라 말할 수 없는 분위기에 젖었다. 마치 하룻밤을 보낸 연인이 다음 날 어색해 서로의 얼굴을 쳐다보지 못하듯 우리는 한동안 말이 없었다.

속살을 들킨 연인처럼.

나주 홍어거리를 만나보세요!
▶ 하이에나킴

나주 혁신도시 야간 산책

✿ 전남_나주시

　산등성이에 해가 걸리면 마을은 아궁이에 불을 지핀다. 산은 말없이 붉은 태양을 집어삼키고 장작을 내어 준다. 굴뚝마다 허연 연기를 뿜어 내며 기나긴 어둠 속으로 들어간다. 시뻘건 장작은 기세를 더하며 돌을 익힌다. 태양이 달군 낮의 따사로움은 온돌로 이어진다. 어느덧 온기는 아랫목으로 퍼지고, 썰매질에 얼어붙은 발을 묻으며 두런두런 이야기 꽃을 피운다.

　시골의 겨울밤, 동네 밖은 어둠이다. 무색무취 밋밋하기 그지없다.

반면, 도시의 밤은 화려하다. 낮의 민낯을 버리고 화장기 가득한 얼굴로 사람들을 유혹한다.

나주 혁신도시도 화장을 시작했다. 분 냄새는 코끝을 타고 환각 물질을 만들어 낸다. 기분 좋게 마취되며 그 속으로 빨려 들어간다.

나주혁신도시 야간산책을
만나보세요!

▶ 하이에나김

함께하면 더 즐거운
'행사, 축제'

나주 금성관 정명천년 기념식

🐝 전남_나주시

'정명천년'이라 했다. 나주의 천 년을 알리는 행사명이다. 고려 제8대 왕으로 즉위한 현종은 1018년 전주와 나주의 지명의 앞글자를 취해 전라도라는 이름을 만들었다. 기념식은 1018을 따서 10월 18일로 정했다.

인간은 본인과 관련된 것들의 이름을 남기려고 부단히 애를 쓴다. 그러나 역사에 이름을 남기는 것은 극히 드물다. 대부분은 그 흔적조차 남기지 못하고 사라져 버린다.

우리는 역사에 이름을 남기기 위해 끊임없이 노력한다. 그 과정에서 먹을 것과 입을 것, 갖고 싶은 것을 참는다. 시험에 합격하기 위해 젊음의 열정을 보류하기도 하고, 승진과 권력을 위해 밤새 야근을 하기도 한다. 애쓴 결과 어느 만큼의 보상은 받겠지만, 우리는 그렇게 나이 들고 퇴직하고 노년을 살다 인생을 마감한다.

이렇게 치열한 삶을 견디며 사는 것이 인간의 삶이다. 그러나 이 과정에서, 혹은 지나고 나서 우리는 그다지 행복을 느끼지 못한다.

수억 명의 경쟁률을 뚫고 세상에 태어나, 힘든 세상이지만 살아 숨 쉬고 생활하는 것 자체가 얼마나 행복한 일인가. 죽은 사람과 비교한다면 말이다. 또 과거 원시시대나 미개한 시대와 비교한다면 얼마나 행복한가. 문명, 과학이 발달한 현대사회에 태어난 것만 따져도 엄청난 혜택을 받은 것이다.

노비와 양반으로 나눠진 시대도 아니고, 매일 기아와 병으로 허덕이는 시대도 아니고, 전쟁으로 언제 죽을지 모르는 시대도 아닌, 자유와 평등이 보장된 민주주의사회에 태어난 것은 또 얼마나 행복한 일인가!

　미개한 기생충, 벌레, 짐승이 아닌 만물의 영장인 인간으로 태어난
것도 얼마나 기쁜 일인가! 희로애락을 느끼고 사랑하고 말할 줄 아는
인간으로 태어난 게 얼마나 행복한가!

　정작, 우리는 이런 당연한 것들에 행복을 느끼지 못하고 더 큰 명성
을 얻기 위해 자신을 희생한다. 그리고 불행해한다.

어릴 적에는 부모, 친구와의 소소한 즐거움에도 그렇게도 깔깔거리며 웃던 우리는 나이가 들면서 하찮은 것들에도 힘겨워한다. 모두 지금의 평범한 행복을 잊어버린 채 미래의 더 큰 무언가를 바라고 있기 때문이다.

하루하루 평범한 일상을 살아가면서 그날의 소소한 행복을 느끼면 된다. 그 하루하루가 쌓여 일생이 되고 결국 후회 없는 인생이 되는 것이다.

세잎클로버는 '행복'을, 네잎클로버는 '행운'을 상징한다고 한다. 우리는 일상의 수많은 행복을 버리고, 찾기도 어려운 미래의 행운을 좇고 있는 건 아닌가 싶다.

나주 금성관 정명천년 기념식을
만나보세요!
▶ 하이에나김

고창 청보리축제

✿ 전북 _ 고창군

"공부해라!"

아이들에게 가장 많이 하는 말이다. 아이들과 마주치기만 하면 습관처럼 말한다. 부모 입장에서는 아이들을 끔찍하게 아끼는 마음에 하는 말일 수도 있지만, 아이들은 스트레스를 받는다.

"시험 잘 봤어?"

아이들이 공부하라는 말에 내성이 쌓여 갈 무렵, 결정타를 날리는 말이다. 학교에서 시험 기간이 다가오면 아이들은 공부에 몰두한다. 재밌는 TV나 게임을 잠시 미뤄 두고 그 기간만큼은 그래도 나름대로 최선을 다했을 것이다. 그런데도 시험이 끝나고 돌아오는 아이를 보면, 부모는 시험을 잘 봤는지 궁금해한다.

결과만을 중시하는 가치관이 언어습관으로 배어 나온 것이다. 시험 기간이라고 좋아하는 것을 잠시 미뤄 두면서까지 열심히 공부한 아이들에게 분명 서운하게 들릴 말이다.

"시험공부 하느라 고생했어."

성적은 어차피 던져진 주사위와 마찬가지다. 결과는 잠시 미뤄 두고

그동안의 과정을 격려해 주는 말을 해 줘야 한다. 시험을 위해 노력한 것을 부모님이 알아준다면 아이들은 분명 고마워할 것이다.

공부든 일이든 인간사회의 모든 것들이 마찬가지이다. 과정보다는 결과를 중시한다. 결과를 위해 오랜 기간 열심히 노력했어도 결과가 나쁘면 그 과정조차 나쁘게 평가한다. 반대로 과정이 나빠도 결과가 좋으면 잘한 것으로 평가한다.

자연도 마찬가지다. 식물은 열매를 수확하기 위해 씨를 뿌리고 싹을 틔우며 꽃과 잎을 거쳐 열매를 맺기까지 많은 과정을 거친다. 그런 긴 과정을 우리는 전혀 즐기지 못하고 힘든 노동으로만 생각한다. 좋은 열매를 수확하기만 하면 된다는 결과만을 중시한다.

요즈음, 우리나라도 선진국 대열에 들어서고 여유가 생겼는지 자연을 대하는 마음도 조금씩 바뀌기 시작했다. 농업의 생산물만을 생각하는 것이 아니라 그 과정도 즐기기 시작했다. 치유농업이라고 하여 농작물을 기르는 과정을 통해 몸과 마음을 힐링하는 농업의 새로운 가치를 찾기 시작했다.

　치유농업 중에서 가장 널리 알려진 산림치유는 자연이 성장하는 과정을 함께한다. 그 속에서 삶의 여유를 찾으며 심신을 치료한다. 식물의 결과물보다는 과정을 중시하는 것이다.

　식물은 열매를 맺기까지 끊임없이 노력한다. 양적으로 성장하기도 하고 꽃과 잎을 점점 무성하게 만들어 간다. 특히, 자연의 성장과 변화의 과정은 우리 인간에게 아름다운 경관을 제공해 준다.

경관농업으로 유명한 청보리 축제가 한창인 고창으로 향했다. 여리
여리한 줄기에 매달려 있는 보리들이 바람에 하늘하늘 흔들린다. 몸만
스쳐도 꺾어질 것 같이 아슬아슬 매달려 있는 보리들 사이로 수많은 인
파가 지나간다.

바람과 사람들의 손길을 이겨 내고 열매를 수확하기까지 힘든 과정을 거치며 열심히 성장해 가는 청보리를 보면서 다짐한다.

'나도 일하는 과정을 즐겨 보자.'

고창 청보리축제를 만나보세요!

▶ 하이에나김

아련한 가을꽃 만개한

장성 황룡강 노란꽃축제

✿ 전남 _ 장성군

함께하면 더 즐거운 '행사, 축제'

'꿈이 하나 있다면 한여름 날 하얀 눈을 보는 일. 겨울이 오기 전에, 가을이 가기 전에, 난 널 떠나야 하니까.'

한여름 날 한 여인은 애절하게 소원을 빌었다. 너무나 사랑하는 사람을 떠나보내야 하는 그녀, 혼자 남겨진 가을을 거부하고 싶었다.

가을은 외롭고 쓸쓸하다. 찬 바람이 불어오고 단풍이 들고 낙엽이 지는 계절, 그 가을에 홀로 남는다는 건 서글프기 그지없다. 그런 가을을 홀로 맞이한다는 건 가혹하다. 차라리 가을을 건너뛰고 겨울이 오는 게 나을 수도 있다.

그런 가을에 얄밉게 찾아오는 '가을꽃', 참 요상한 녀석이다. 계절을 빗나간 듯 불청객의 모습으로 찾아와 감정을 고조시킨다. 확실히 봄여름에 보는 꽃과는 느낌이 다르다. 봄꽃은 설렘을, 여름꽃은 사랑을, 그러나 가을꽃은 이별을 표현한다.

서늘한 바람이 불어오면, 가을꽃은 가슴속에서 하늘거린다. 죽음을 상징하는 국화, 해를 짝사랑하는 해바라기, 시골길 언덕 너머 엄마의 손짓 같은 코스모스가 그렇다. 가을꽃은 가슴을 아련하게 만든다.

가수 김상희 씨는 노래했다. '코스모스 한들한들 피어 있는 길, 향기로운 가을 길을 걸어갑니다. 기다리는 마음같이 초조하여라. 단풍 같은 마음으로 노래합니다.'

이해인 수녀는 말했다. '빛나는 얼굴 눈부시어 고개 숙이면 속으로 타서 익는 까만 꽃씨 당신께 바치는 나의 언어들.'

나는 가을에 꿈을 꾸련다. 가을꽃이 영원히 시들지 않기를.

장성 황룡강 노란꽃축제를
만나보세요!
▶ 하이에나김

강진 남도음식문화축제

🔆 전남_강진군

어느 날 17명의 조종사가 추락해 세상을 떠났다. 사고 이후 미국은 1926년 수백 명의 평균치로 조종사 시트의 규격, 모양, 높이, 가속페달, 기어, 헬멧 등을 규격화했다는 사실을 조명했다. 이후 1950년이 돼서야 4천여 명의 조종사를 대상으로 140가지 항목별 신체 치수를 산출했고, 평균치를 개선해 조종석을 다시 설계하기로 했다.

이에 길버트 과학자는 의문을 품고 4,063명의 신체 치수 평균치를 내고 조종사 개개인의 수치를 대조해 봤다. 30%의 편차까지 두었는데 평균범위에 들어온 조종사는 단 한 명도 없었다. 이를 계기로 조절이 가능한 맞춤형 시트, 헬멧 등으로 설계하게 된 것이다.

평균적인 조종사는 이 세상에 없다. 우리 삶도 마찬가지다. 평균이라는 것을 만들어 놓고 거기에 맞춰 살라고 하지만 평균에 맞는 사람은 아무도 없다. 신체조건뿐만 아니라 인간은 의식, 성격, 기질, 성품, 행동 등 모든 게 극도로 다양한 존재이다. 다양성을 살린 개인별 특성에 맞

는 삶을 살아야 한다.

맑은 가을, 강진으로 나들이를 떠났다. 다산초당을 오르는데 관광객 한 명이 자연스러운 산길에 감탄하는 소리가 들렸다. 초당에 오르자 단출하지만 우아한 한옥이 눈길을 사로잡았다. 그런 줄만 알았다.

"예전 다산이 살았을 때는 초가집이었어요."

한 무리의 아이들을 인솔한 선생님은, 멋진 한옥이 된 사연을 설명했다. '하긴, 이렇게 좋은 집이었으면 나도 책 오백 권은 거뜬히 썼을 듯.' 이런저런 생각을 하며 내려오는데 자세히 보니 산길은 이미 관광객을 위해 잘 다듬어 놓은 인공미가 곁들여 있었다.

강진만을 내다보며 걸으니 남도음식문화축제가 한창이었다. 입구부

터 자동차로 꽉 차있고, 빵빵한 최신식 무대설비, 현대식 푸드 트럭이 즐비했다. 옛날 축제 분위기와는 사뭇 달랐다. 축제의 평균 기준은 이미 진화해 버린 것이다.

뒤편에는 춤추는 갈대밭이 펼쳐져 있었다. 맑은 하늘과 신선한 가을 바람이 한데 어우러져 갈대가 춤을 추었다. 그 사이로 잘 다듬어진 데크 길을 따라 관람객들은 쾌적한 산책을 즐겼다. 예전 같으면 들어가지도 못했을 늪지, 짱뚱어의 쉼터는 이미 사람들의 정원으로 바뀌었다.

평균은 올바른 하나의 정상적인 경로가 있을 것이라는 규범적 가치관에서 나온 허상일 뿐이다. 평균은 정답도 아닐뿐더러 영원하지도 않다. 평균은 변하고 과거의 평균은 무의미하다. 급변하는 시대, 복잡 다양한 인간, 우리를 평균 지을 그 어떤 기준도 존재하지 않는다.

바람에 이리저리 흔들리는 갈대를 바라본다. 평균에 적응하지 못하는 내 마음, 애써 평균을 부정해 본다.

다산초당

곱이곱이 오솔길
저기 먼발치서,
나무뿌리 똬리 틀고
어여 오라 손짓하네.

행여 미끄러질세라
사뿐히 지르밟고,
이마에 땀방울 흘깃하니
어느새 책 내음 솔솔.

거친 산새 울음에
애써 무심한 척,
마루에 걸터앉아
퍼러럭 책장 넘기셨겠지.

만덕산 기슭,
강진만 굽어보며
가슴 깊이 품은 상념
그 얼마나 깊었으면,
바윗돌에 새겼을까?

강진 남도음식문화축제를
만나보세요!
▶ 하이에나김

화순 국향대전

"살 빠졌네?"

오랜만에 지인을 만나면 이 말이 절로 나온다. 일 년에 두어 번 만나니 그간 변해 버린 모습이 익숙하지 않은 탓이다. '정말 그런가.' 의아해하는 상대의 표정에는 아랑곳하지 않고 몇 번을 반복한 후에야 화제를 돌린다.

지극히 자기중심적인 표현이다. 외모 지적에 관한 얘기가 아니라 사람들은 자신을 기준으로 모든 것을 평가한다. 그는 매일매일 변해 갔을 터. 그와 일상을 함께했다면 몰랐을 변화, 오랜만에 만나니 타임 랩스처럼 빠르게 지나가 버린 것이다.

"많이 늙으셨네!"

차마 입 밖으로 내뱉진 못하고 속으로 삭인다. 오랜만에 아들을 찾아온 부모님, 성인이 되고 출가한 후부터는 명절에나 만나는 가깝고도 먼 지인이다. 멀리 나주까지 내려오신 두 분의 모습은 만날 때마다 노쇠함

이 한눈에 들어올 정도로 확연해진다.

젊은 기운이라도 드리고자 인근 꽃 축제 현장을 찾았다. 화려한 꽃과 향기, 수많은 인파, 마음만은 젊어지시길. 핸드폰에 가장 젊은 순간을 담으며 마냥 즐거워하신다. 다음번 만날 때는 분명 사라져 버릴 모습에 내내 가슴이 짠해진다.

꽃도 며칠 후면 시들어져 완전히 다른 모습일 텐데, 영원할 것 같은 그 모습을 배경에 담아내느라 바쁘다. 꽃처럼 인간도 화려한 시절만 기억하면 얼마나 좋을까! 그래도 위안이 되는 건 시든 꽃은 외면당하지만, 사람은 다르다는 것이다. 예쁜 꽃들이 늙은 노부모의 주름에 가린다.

엄마

기껏 몇 시간 있지도 않았는데
얼른 가려고만 하는 아들
회사 때문에 힘들지 하며
더 이상 붙잡지 못하는 엄마

지가 좋아하는 것은 하루 종일 하면서
지가 자란 집에서
지를 낳아준 엄마와
몇 시간 더 있지도 못하는
매정한 아들

엄마에게는 할 말 다하면서
지 아들은 못마땅해하는
과거는 새까맣게 잊고
지 잘난 줄만 아는
차가운 아들

먹을 것 제대로 먹지도 못하고
입을 것 제대로 사지도 못하고
아들 위한 희생은 무량한데

천 분의 일도 안 되는 돈 몇 푼 주면서

할 도리 다했다고

생색내는 아들

적어도 한 달에 한 번 보자는 말에

까짓 대답이라도

그러겠다고 하지도 못하는

속 좁은 아들

정말 불효자인

참 못난 아들

영암 월출산 국화축제

🌼 전남 _ 영암군

입구부터 북적인다. 꽃 대궐 앞은 벌써 축제가 한창이다. 그 속으로 들어가면 완전 다른 세상이 펼쳐질지도.

안은 온통 국화 향으로 가득 찼다. 달빛 그윽해지는 월출산의 정기처럼. 산기슭 축제장에 오르니 꽃향기가 가득하다. 빨갛게 물든 단풍은 더 없는 조명이다. 햇살은 발갛고, 노랗고, 하얗고, 파란 미소를 띤다.

숨 쉬는 모든 것들, 오늘 하루만큼은 모두가 같은 세상이어라. 너와 내가 사는 세상이 같다면 그게 바로 천국일 터.

문을 빠져나오자 다시 번뇌에 싸인다. 나만의 세계로 돌아오고 만나는 이들은 모두 다른 세상이다.

분명 좋은 사람도 있고, 사랑하는 사람도 있지. 분명 나쁜 사람도 있

고 싶은 사람도 있지. 그렇게 어우러져 사는 거지.

우리는 각자의 세상을 살아간다. 그 세상은 융화되기 힘겨운 세상이다. 아니, 융화되는 순간 큰 문제가 발생한다.

태양계의 행성들은 모두 다른 궤도로 돌고 있다. 만약 그 궤도가 어긋나기라도 한다면, 문제는 심각하다. 달이 궤도를 바꾸면 해일이 일고, 태양의 경우는 더 끔찍하다. 얼어 죽고 타 죽는 건 시간문제다.

그래, 모든 행성이 그렇게 자신만의 궤도를 돌 듯 우리 인간도 각자 인생의 궤도를 돌면 되지. 왜 우리는 그 궤도를 수정하려 할까.

끌어들이고, 밀어내려 하지 말아야 한다. 무리하게 궤도를 수정하려 하지 말아야 한다. 뛰어난 학자들도 서로 다른 주장을 하며 살아간다.

경험 많은 어르신들도 만나기만 하면 다툰다. 말 잘하는 정치인들은 두 말하면 잔소리. 친구 간에도 이성 간에도 가족 간에도 서로의 입장만 주장한다.

그렇게 사는 게 정상적인 궤도라 생각하면 마음 편하다. 우리는 각자의 세상을 만들고 그 세상을 살아갈 뿐. 이제 할 일은 그 세상을 인정해주면 된다. 그러면 평화가 찾아온다.

영암 월출산 국화축제를
만나보세요!
▶ 하이에나김

보성 전어축제, 녹차 밭

＃ 전남 _ 보성군

'음악이 아름다운 이유는 음표와 음표 사이에 거리감, 쉼표 때문입니다. 말이 아름다운 이유는 말과 말 사이에 적당한 쉼이 있기 때문입니다. 내가 쉼 없이 달려온 건 아닌지, 내가 쉼 없이 너무 많은 말을 한 건 아닌지 때때로 돌아봐야 합니다.'

혜민 스님은 『멈추면, 비로소 보이는 것들』에서 이렇게 말했다. 멈추면 보인다고. 그는 '멈추면' 뒤에 '쉼표(,)'도 빠트리지 않았다.

우리나라 의무교육은 중학교까지다. 1949년 교육법을 공표하고 "모든 국민은 의무교육을 받을 권리를 가진다."라고 밝혔다. 모든 국민의 자녀들에게 국가에서 정한 일정 기간의 교육을 받게 하고 있다. 현재 우리나라는 6년의 초등 의무교육과 3년의 중등 의무교육을 시행하고 있다.

이건 어디까지나 법률상이다. 실제 우리나라 국민은 초, 중, 고, 대학교까지 16년간 의무교육을 암묵적으로 강요받고 있다. 학벌을 중시하는 풍토상 이 정해진 기본 코스를 거치지 못하면 사회에서 제대로 대접

받지 못한다. 법률상 의무교육은 중학교까지지만 그것만 거친다면 왠지 국민의 의무를 다하지 못한 죄책감과 패배감에 빠지는 구조다.

기나긴 16년간의 힘겨운 학업을 마치면 또 다른 역경이 기다린다. 높은 경쟁률을 뚫고 취업 시험에 합격해야 본격적으로 사회생활을 시작하게 된다. 취업 후에는 과로와 스트레스를 견디며 평생을 버텨야 한다. 그렇게 늙어 가고 생을 마감한다.

인간은 사회적 존재이기에 일에서 삶의 의미를 부여하기도 한다. 주어진 일을 하고, 많은 사람을 만나고, 월급으로 가족을 부양하며 사회구성원으로서 역할을 수행하는 것에 만족한다.

일 자체를 통해서도 성취감을 느낀다. 야근과 주말 근무도 많았지만 일이 끝나고 나면 보람도 있었다. 때때로 스트레스를 받거나, 어려운 시기가 오면 정년이 다 되어 가는 상사들을 부러워하면서 위안 삼았다. 나도 얼른 저 나이가 되기를 희망했다. 힘겨움이 도를 지나칠 때는 몸이 아프기도, 다른 곳으로 도피하기도 했다. 그렇게 즐거움과 힘겨움을 반복하며 긴 세월을 끊임없이 달려왔다.

생을 부여받은 대가로 힘들어도 견뎌야 했다. 즐거워도 힘겨워도 시간은 똑같이 흘러갔다. 그리고 문득 멈춰서 삶을 돌아보면, 내 삶에 '쉼'이 없었음을 깨닫게 된다. 나이가 들고 뒤를 돌아보니 이제야 보이기 시작했다.

쉼은 내 눈과 마음을 열어 줬다. 이토록 자연이 아름다웠던가! 그간 보이지 않았던 시간들을 보상받기 위해 주말이 되면 자연을 찾았다. 보성에서 열리는 3일간의 전어축제, 그리고 녹차 밭, 예전 같았으면 있

을 수 없는 일이다. 전어는 인근 횟집에서 사 먹으면 되고, 녹차 밭 경관은 안방 TV에서 보면 그만이었다.

며칠 전까지 휘몰아치던 태풍과 폭우는 여름내 괴롭혔던 무더위도 몰고 갔다. 덕분에 가을이 성큼 다가온 듯 에어컨 바람이 차갑게 피부를 자극했다.

보성으로 가는 벚나무 가로수 길, 그래 이것도 예전에는 안 보였다. 이렇게 아름다운 길이었다니!

보성 율포해변가에서 벌어지는 전어축제, 도착하니 전어구이 냄새가 진동한다. 풀장에서는 전어잡이 체험이 한창이다. 단돈 1만 원의 참가비를 내고 그물 한가득 전어를 싸 들고 가는 발걸음은 가볍다.

인근 해수욕장에서는 가족들이 여유를 만끽한다. 미술가들은 실제보다 더 멋있게 캐리커처를 그리기 위해 집중한다. 김이 모락모락 나는 해수탕에서 몸의 피로를 푼다.

그리고 빼놓을 수 없는 것, 바로 전어요리다. 구이, 회, 무침 각각 다른 맛이 난다. 불의 향이 가미된 구이는 기름기 가득 잔뼈까지 씹어 삼킨다. 매콤한 양념에 세꼬시로 씹히는 전어무침도 뚝딱 접시를 비우게

만든다.

전어축제장 인근에 있는 녹차 밭에 들어가니, 내가 원하던 진정한 '쉼'이 그곳에 있었다. 주차장부터 이어진 삼나무 숲길은 비가 내린 뒤라 짙은 이끼로 한가득. 쭉쭉 뻗은 삼나무 자태에 매료되어 나도 모르게 빨려 들어갔다.

운치 있는 삼나무 숲길을 빠져나가니 산을 타고 녹차 밭이 펼쳐졌다. 몽실몽실 초록 계단을 따라 한 발 한 발 다가갔다. 녹차 밭 사이로 걸으며 전망대에 올랐다. 올라갈수록 멋진 경관이 펼쳐졌다. 녹차 밭 사이 몇 그루의 삼나무는 키 낮은 녹차 나무와 사뭇 대조를 이뤘다.

잎을 손으로 쓰다듬으니 녹차의 은은한 차 향이 느껴지는 듯했다. 녹차를 한 모금 삼킨 듯 속이 정화되는 듯했다. 그렇게 난 녹차 밭에서 또 하나의 쉼표를 찍었다.

인생에 쉼표를 찍으면 하나둘씩 새로운 게 보인다. 이제야 보인다고 아쉬워 말자. 늦게라도 볼 수 있음에 감사하자. 말과 말 사이에 쉼표를 찍듯, 삶과 삶 사이에 잠시 쉼을 갖자. 그 쉼은 나에게 신선한 보상을 줄 것이다.

일찍 저무는 산골의 저녁, 어스름한 삼나무 숲길을 걸어 나왔다. 은은한 가로등이 녹색 이끼를 더욱 자극해 색다른 분위기를 연출했다. 어두워지는 밤, 빛이 없으면 보이지 않는 것들, 이제는 그것들도 볼 수 있기를 감히 바라본다.

보성 전어축제, 녹차 밭을
만나보세요!

▶ 하이에나김

담양 산타축제

🏵 전남 _ 담양군

예전은 지금과 달랐다. 시골에는 어른도 많았지만, 아이들도 제법 많았다. 명절이나 연말이 되면 동네는 아이들로 시끌벅적했다. 날씨도 더 추웠다. 눈도 자주 오고 응달진 도로와 들판은 겨우내 눈으로 덮여 있었다. 언덕배기에는 손을 호호 불며 비료 포대로 미끄럼 타는 아이들로 가득 찼고, 추수가 끝난 논바닥은 얼음으로 덮여 궤짝으로 투박하게 만든 썰매가 미끄러졌다.

시골은 절이나 교회로 뭉쳐졌다. 종교적 신념도 있지만 조직적 색채가 강했다. 이웃과의 관계가 끈끈한 시골 마을의 특성상 종교는 최상의 소통수단이 되었다. 세대를 아울러 많은 사람이 있었기에 종교행사는 늘 성황이었다.

절은 경치 좋은 산속에 자리 잡고 있었고, 교회는 동네 안에 위치했다. 대부분의 교회는 동네 언덕 위에 십자가를 꽂았다. 주말이 되면 교회 탑에서 종이 울리고 교인들은 삼삼오오 몰려들었다. 크리스마스가

되면 절정에 달했다. 며칠 전부터 산을 돌아다니며 가장 멋진 나무를
잘라 트리를 장식했다.

　크리스마스이브가 되면 청년부는 조를 나누어 마을을 돌았다. 찬양
하고 얻어 온 과자와 음료수, 새벽 늦게까지 그것들을 분배했다. 다음
날 나눠 줄 산타의 선물이었다. 과자 한 봉지가 귀한 시절이었기에 추
위도 잊으며 새벽 송을 돌았었다.

　크리스마스 당일이 되면 어른이나 아이 할 것 없이 교회에 모였다.
예수의 탄생을 축하하며 예배를 드리고 선물을 받고는 마냥 즐거워했
다. 시골의 크리스마스는 모두가 한데 어우러져 벌이는 행사였다.

　어느덧 시골은 아이들이 사라져 갔다. 나이 든 어르신들로 가득한 쓸

쓸한 마을이 된 것이다. 시골의 크리스마스는 퇴색되었고, 이제는 도시가 더 화려해졌다. 곳곳에 휘황찬란한 전등으로 장식한 트리가 세워지고 현대식 산타축제가 열렸다.

조명, 맛집, 체험, 공연, 과거와는 차원이 다른 화려한 분위기로 바뀌었다. 그런데 그 시절, 그 분위기가 그리운 건 왜일까!

담양 산타축제를 만나보세요!
▶ 하이에나김

보성 차밭 빛축제

🏵 전남_보성군

흔히 리더를 네 종류로 나눈다. 똑부, 똑게, 미부, 미게가 그것이다. 똑똑하면서 부지런한 리더, 똑똑하면서 게으른 리더, 미련하면서 부지런한 리더, 미련하면서 게으른 리더의 약자이다.

20년 이상 직장생활을 하면서 네 종류의 상사를 모두 만나봤다. 머리는 좋은데 권한을 무자비하게 행사하는 상사가 있었다. 본인 말만 따르면 된다고 했다. 큰 문제가 발생하지는 않지만 매 순간이 긴장의 연속이었다. 보고서 하나 만들 때도 시간과 정성을 들여 만들어야 했다.

똑똑하지만 많은 권한을 이양한 상사도 있었다. 중요한 것만 챙기고 대부분은 알아서 하도록 했다. 업무는 단계적으로 밟게 했다. 중요한 일이 있으면 방향과 흐름을 잡아 주고 담당자가 직접 고민하게 했다. 책임감이 생기고 일이 신속하게 처리되었다.

　미련하지만 부지런한 상사는 부하직원을 괴롭게 만들었다. 그를 이해시키기도 어렵고 이것저것 일을 벌이기만 했다. 방향을 잡지도 못하고 이 산 저 산 오르기만 반복했다. 윗사람의 의중을 제대로 파악하지 못해 며칠 고생해서 만든 기획안이 헛수고가 되기도 했다.

　멍청하지만 게으른 상사는 직원들이 편할 수도 있다. 단순히 결재만 하는 허수아비 리더이기 때문이다. 직원들은 그를 속이고 편히 일 처리를 하려 하기에 결국 사건사고가 터지기 마련이며 조직은 불안해진다.

　상황과 조직의 특성에 따라 차이는 있겠지만, 대부분의 리더들은 이 네 가지 유형에 속한다. 우리 사회를 이끄는 리더, 특히 대통령의 경우

는 '똑부'가 가장 많았다. 강력한 권한 행사 때문이었는지 대부분 결론은 좋지 않았다.

이제는 '똑게' 리더가 필요한 시기이다. 방향과 비전을 잡아 주고 대부분의 권한은 이양하는 리더가 어울리는 사회가 되었다. 그러면 국민은 알아서 따라올 것이며 책임을 갖고 더 열심히 일하게 된다. 리더는 통찰력과 판단력으로 이끌고 나머지는 각자가 알아서 하게 만들어야 한다.

어둠이 내리자 보성 녹차 밭이 빛으로 물들었다. 수많은 사람들이 그 빛을 따라 빨려 들어간다. 입구에 빛 터널을 만들자 사람들은 알아서 그곳으로 들어간다. 사람들은 빛의 장관을 보며 탄성을 지른다. 스스로 포즈를 취하고 즐기고 만족해한다.

어둠 속에서 헤매는 우리를 한 방향으로 인도하는 불빛, 사람들은 그 빛을 따라 자연스럽게 움직이고 있었다. 누가 시키지도 않았는데 모두 하나 되어 어울리는 빛의 축제, 반짝이는 불빛에서 현명한 리더의 품위를 느꼈다.

보성 차밭 빛축제를 만나보세요!
▶ 하이에나킴

제5장

마음을 정화하는
'문화재, 유적지'

구례 사성암

🏵 전남 _ 구례군

나들이를 서둘렀다. 미세먼지 없는 화창한 주말을 놓치기 싫었다. 구
례 사성암으로 가는 길, 전망 좋은 곳이면 어김없이 나오는 쉼터에 본
능적으로 차를 세웠다.

"저기 보이는 산이 무슨 산인가요?"

겹겹이 펼쳐지는 산세에 감탄하며 카메라 셔터를 눌러대고 있는데
뒤에서 나지막한 목소리가 들렸다. 뒤돌아보니 도인 같은 어르신이 담
배를 물고 벤치에 앉아 사진 찍는 나를 빼꼼히 쳐다보고 있었다. 답을
할 겸 벤치에 앉자 그의 말이 이어졌다.

"지리산 가 보셨어요?

"아뇨, 아직….'

"그럼 소중한 보물 하나 남겨 됐다고 생각하세요."

3개 도, 5개 시군, 15개 읍면으로 둘러싸인 지리산, 백두대간의 산줄

기가 소백산, 속리산, 덕유산을 만들고 남해 앞에서 마지막 여세를 몰아 지리산으로 용솟음친다. 세트인 섬진강과 어우러져 멋진 풍광을 나타 내는 지리산을 그는 소중한 '보물'이라고 표현했다. 시간 날 때마다 그 보물을 찾으러 다녀 보라며 책 한 권을 쓱 내밀었다.

'사라져 아름답다'. 난생처음 작가를, 그것도 길가에서 우연히 만난 것이다. 지리산에 산다고 하기에 세상 등지고 사는 '자연인'인 줄만 알 았는데, 한때는 잘나갔던 방송인이 은퇴 후 지리산에 거주하며 글을 쓰 고 있었다.

제목에서 연륜이 묻어났다. 마감과 사라짐을 소소한 지리산 일상에 담았다. 30년 만에 발견한 내면, 그리고 삶의 의미, 결국 우리는 모두 마 감하기 위해 달려가는 존재에 지나지 않는다는 성찰로 끝난다.

 분명 그랬다. 우리는 태어날 때부터 '시작'만이 있었다. 매년 반복되는 생일도 시작이라는 의미만을 담았다. 초의 개수를 늘리며 새로운 일 년의 시작을 축하했지만, 실은 하나의 일 년을 마감하는 행위라는 사실을 전혀 의식하지 않았다. 네 번의 입학도 시작이었고, 네 번의 졸업마저도 시작이었다. 교장 선생님은 졸업은 끝이 아니라 새로운 시작이라고 매번 강조했다. 입사해서도, 승진해서도 시작의 의미만을 내세웠다.

그리고 퇴직하는 순간이 되어서야 마감을 자각하게 된다.

'우리의 마감에는 타인의 동참은 없다. 우리는 홀로 마감해야 한다.'

제2의 인생을 시작한다며 위안을 하지만 당사자는 절실히 느낀다. 이제 더 이상 출근할 회사가 없고, 앉을 책상이 없고, 해야 할 일이 없는 느긋한 아침을 맞았을 때 깨닫는다. 이제야말로 마감의 시작이구나!

인생은 마치 보물섬과 같다. 마감의 이치를 깨달은 이들에게만 허락된다. 보물의 진가를 알기에, 모든 것은 예외 없이 사라진다는 사실을 알기에 그들은 보물에 손을 대지 않는다.

마감은 인간을 겸손하게 만든다.

사성암

아찔하여라
인간은 아닐 게야
필시 신의 손길이겠지.

지리산 자락,
억겁의 가지 사이로
섬진강 내려다보며
네 명의 명승은
대체 무슨 소원 새겼길래.

고된 바람
그 간절함 바위에 어려
떠하니,
부처가 되었을까!

구례 사성암을 만나보세요!
▶ 하이에나김

순천 송광사

전남 _ 순천시

    종교의 자유가 있다지만 선택의 여지가 없는 경우도 있다. 모태신앙인 나는 엄마 배 속에서부터 내 의지와 상관없이 교회를 다녔다. 고등학교 졸업 때까지 다니다 대학생이 되면서 교회는 자연스레 멀어졌다. 취업과 결혼 후에는 더 멀어졌다.

마을을 정화하는 '문화재, 유적지'

어린 시절 다녔던 시골 교회는 옆 동네 언덕배기에 자리 잡고 있었다. 십자가가 우뚝 솟은 낡은 건물, 바로 뒤에는 목사님 사택이 있었고, 작은 운동장도 있었다. 교회 가는 길은 새마을 사업으로 정비된 콘크리트 길이었다.

지금에 와서 다시 교회를 다니거나 종교를 가질 생각은 없다. 종교가 신과의 대화가 주목적이 아닌 게 아쉽고, 신이 존재한다는 믿음이 없는 것도 하나의 이유이다. 더욱 중요한 것은 신의 유무와 상관없이 내 인생을 살고 싶다. 신이 없다고 해서 대충 사는 게 아니라 종교와 상관없이 성실하게 살고 싶다.

이런 종교관과는 상관없이 요즘 나는 수많은 절을 다닌다. 여행이 주목적이다. 절만의 매력이 있다. 절로 가는 길, 그 옛날 동네 한가운데 있던 교회 가는 길과는 다른 풍경이 내 마음을 이끈다. 산길을 따라 올라가며 계곡, 나무, 풀, 꽃, 바위, 공기, 자연이 함께한다.

절에 들어가도 한참 시선이 머문다. 알록달록한 문양들은 구름과 어울려 아름다운 풍치를 자아낸다. 본당뿐만 아니라 스님들의 거주지, 종, 사리탑, 대부분 목조와 돌담으로 이루어진 건축양식이 마음을 편하게 한다.

송광사 가는 길, 그 이름처럼 길에 있는 소나무는 맑은 계곡물을 머금고 광채를 뿜어낸다. 짙은 소나무 향을 맡으며, 계곡 물소리에 정화되어 절에 다다른다. 굳이 불경을 외우지 않아도 속세의 묻은 때가 씻겨나가는 느낌이다.

순천 송광사

물 먹은 소나무는
더욱 농후해지고
무심히 흐르는 물은
묵은 때를 씻어버리네
그래도 남은 원죄
돌탑에 슬며시 끼워버리면 그만

기다리는 마음 외면 못해
대웅전 힘겹게 오르는 늙은 중
잔잔히 울리는 설법은
본전 앞 나무 그늘에까지 이르고
원숭이도 미끄러질 배롱 아래
조계산 바라보며 남은 시름 삼키는데

깊은 산중 소나무 향 그윽한
산사를 감싸는 맑은 바람은
어찌 그리 시원할꼬!

순천 송광사를 만나보세요!
▶ 하이에나킴

화순 운주사

🏵 전남 _ 화순군

    2014년 4월 16일, 잊을 수 없는 사건이 발생했다. 인천에서 제주로 향하던 세월호 여객선이 진도 앞바다에서 침몰한 것이다. 배에는 안산시 단원고등학교 학생 등을 포함한 476명이 탑승해 있었다. 그중 미수습자 9명을 포함해 304명이 희생되었다.

그날 세월호는 전 국민이, 아니 전 세계가 지켜보는 가운데 바다로
가라앉았다. 아무것도 할 수 없었던 국민들은 가슴 조이며 발만 동동
굴렀다. 자녀를 배에 태운 학부모들은 자신들이 가라앉는 듯한 고통 속
에서 하루하루를 보냈다.

팝페라 가수 임형주 씨는 '천 개의 바람이 되어'라는 노래를 세월호
추모곡으로 헌정했다. 수익금 전액을 희생자 유가족에게 기부하기도
했다. 이 곡은 1932년 미국 메리 프라이가 지은 시 '내 무덤에 서서 울
지 마오(Do not stand at my grave and weep)'에서 시작되었다. 일본 작
곡가 아라이 만이 2003년 '千の風になって(천 개의 바람이 되어)'로 번
안해 발매했고, 2009년 임형주가 한국어로 개사하여 발표했다.

나의 사진 앞에서 울지 마요. 나는 그곳에 없어요.

나는 잠들어 있지 않아요. 제발 날 위해 울지 말아요.

나는 천 개의 바람 천 개의 바람이 되었죠.

저 넓은 하늘 위를 자유롭게 날고 있죠.

가을에 곡식들을 비추는 따사로운 빛이 될게요.

겨울엔 다이아몬드처럼 반짝이는 눈이 될게요.

아침엔 종달새 되어 잠든 당신을 깨워줄게요.

밤에는 어둠 속에 별 되어 당신을 지켜줄게요.

나의 사진 앞에 서 있는 그대 제발 눈물을 멈춰요.

나는 그곳에 있지 않아요 죽었다고 생각 말아요.

나는 천 개의 바람 천 개의 바람이 되었죠.

저 넓은 하늘 위를 자유롭게 날고 있죠.

나는 천 개의 바람 천 개의 바람이 되었죠.

저 넓은 하늘 위를 자유롭게 날고 있죠.

저 넓은 하늘 위를 자유롭게 날고 있죠.

이 노래의 특징은 죽은 자가 산 자를 위로한다는 것이다. 보통 산 자가 죽은 자를 기리지만 이 노래는 반대다. 바람이 되어 하늘에서 잘살고 있으니 걱정하지 말라고 위로한다. 빛과 별이 되어 당신을 지킨다며 되레 산 사람을 응원해 준다.

세월호 참사 후 국민들은 트라우마처럼 바다에 대한 공포에서 헤어나지 못했다. 구조에 능숙하지 못했던 무능한 정부를 원망했다. 안전불감, 청탁 비리 등 사회에 만연한 부조리들이 밝혀지기도 했다. 결국, 그들을 빠트린 건 우리 어른들이라며 자책감에 빠졌다.

너무나 충격적인 일이기에 슬픔과 분노는 점점 커졌고, 사건을 덮기에 급급했던 박근혜 정부는 결국 촛불 혁명 속에 사라졌다.

　화창한 주말, 화순 운주사를 찾았다. 천 개의 불상불탑이라는 안내문
이 눈길을 끌었다. 보통 절과는 다르게 수많은 불상과 불탑이 있는 절
로 유명하다. 1942년까지는 석탑 30기와 석불 213기가 있었다고 하나
지금은 석탑 12기와 석불 70기만 남아 있다. 크기는 10m 이상의 거구
에서부터 수십 cm의 소불에 이르기까지 다양하다.

　일반적인 절은 본당이나 입구에 대표적인 불상과 불탑만이 있다. 그
게 절의 기본이다. 운주사는 다르다. '천'이란 '1,000'이라는 숫자이기
도 하지만 '많다'는 의미도 내포한다. 한두 개가 아닌 수많은 불상과 불
탑을 가진 절. 그 이유는 밝혀지지 않았지만, 임형주의 노랫말처럼 왠지
가슴 아픈 사연이 있었을 거란 생각에 가슴 뭉클해졌다.

'천 개의 바람이 되어' 노래처럼, 어쩌면 어린 학생들의 영혼들이, 참을 수 없는 슬픔에 괴로워하는 우리를 되레 위로하고 있는지도 모르겠다. 희생자들이 천 개의 바람이 되어 상공에 떠돌면서 우리를 지켜보고 있는 것은 아닌지. 반성하지 않는 이들을 벌주되 자책하는 우리 마음을 치유해 주는 것은 아닌지.

죽은 자가 산 자를 위로하는 역설, 종교만이 가진 치료법이다. 신이란 슬픔을 이기지 못하는 연약한 우리 인간들의 마지막 치료법이다.

운주사는 바위와 산으로 둘러싸인 깊은 골짜기에 자리 잡고 있다. 본당 뒤 불사바위라 불리는 바위에 오르면 절을 둘러싼 겹겹의 산들이 펼쳐진다. 불사바위에 올라 뺨을 스치는 바람에, 그동안 상처받은 연약한 내 마음을 치유해 본다.

화순 운주사를 만나보세요!
▶ 하이에나김

영암 왕인박사 유적지

🏵 전남 _ 영암군

'소문만복래(笑門萬福來)'라는 말이 있다. 웃고 즐겁게 살다 보면 좋은 일이 생겨 부자가 된다는 것이다. 웃음은 긍정적인 생각으로 정신이고, 복은 재력이므로 물질이다. 즉 정신적인 면이 물질적인 면에 영향을 주는 것이고, 정신과 물질이 서로 연계되어 있다는 말이다.

과학적으로 접근해 보면 비논리적이다. 물론, 잘 웃으면 주위 사람들과 관계가 좋아져 좋은 일이 생기기 쉽다. 하지만 어디까지나 그럴 가능성이 있다는 것이지 과학적으로 증명할 수는 없다.

이런 비과학적인 논리가 가끔은 맞는 걸 느낀다. 심리적인 스트레스를 받으면 몸이 아프고 병이 생겨 물리적인 돈이 많이 든다. 기분 좋은 생각을 많이 하면 활기가 생겨 입맛도 좋아지고 건강해져 돈이 적게 든다. 즉, 정신적인 측면과 물질적인 측면은 연결되어 있다.

긍정이 긍정을 부른다는 기본적인 생각을 우리는 잊고 산다. 논리적으로 맞지 않다는 생각이 크게 자리잡고 있기 때문이다. 살다 보면 점점 이해가 되지만, 이미 때는 늦었다. 알든 모르든, 돈 안 들고 쉽게 성공하는 방법을 실천하기 참 어렵다. 웃기만 하는 간단한 일도 그리 쉽지 않다. 그래서 아무나 부자가 되지 못하나 보다.

인간관계에서 긍정이 긍정을 부르는 것은 웃음 말고도 많다. 그중의 하나가 칭찬이다. 칭찬도 웃음만큼이나 알면서도 하기 어려운 방법이다. 칭찬도 칭찬을 부른다. 칭찬하면 상대방은 기분이 좋아진다. 기분이 좋아진 상대는 좋은 말로 화답하고 분위기는 점점 좋아진다. 이렇게 쉬운 방법을 우리는 쉽게 하지 못한다. 자존심과 쑥스러움으로 칭찬을 아낀다.

　일본 유학 당시, 언어적인 제약과 함께 역사적으로 민감한 대화는 되도록 피하려다 보니 쉽게 친구를 사귀지 못했다.

　우연히 알게 된 현지인과 처음에는 극도로 예의를 지켰다. 양국 문화, 관습의 차이를 서로 비교하며 좋은 점을 칭찬해 주었다. 그들 나라에서 살아야 했기에 자존심을 잠시 접어두었다. '이런 것은 우리나라에는 없어요.' 부러움을 표시하기도 했다.

칭찬은 그의 마음을 열었다. 자존심상 얘기하지 않던 과거 역사를 자연스레 꺼냈다. 과거 우리나라로부터 선진문물을 많이 전수받았다고 털어놓았다. 우리나라를 통해 한자, 학문, 도자기 등 배운 것이 많다고도 했다. 칭찬 한 마디가 마음의 문을 열게 한 것이다.

가끔 일본에 우리나라 역사가 남아 있는 흔적들을 보면 기분이 묘했다. 나라 호류지 담징벽화, 교토 니넨자카 오층탑 등 우리 조상들의 얼이 담긴 문화재를 보면 자랑스럽고 뿌듯하기도 하면서 한편으로는 가슴이 찡했다. 그 먼바다를 건너 우리나라는 일본에 사람을 보내고, 선진문물을 흔쾌히 전해 주었다.

한국에 돌아와 전남에 오니, 웅장한 바위산 영암 월출산을 배경으로 왕인박사 유적지가 있었다. 백제 왕은 왕인박사를 일본에 보내 천자문과 학문을 가르쳤다. 왕인박사 묘가 오사카 히라카타시에 남아 있기도 하다.

우리는 과거이든 현재이든 미래이든 혼자서는 발전할 수 없다. 서로 협력하며 상생해 나간다. 과거 누군가 만들어 놓은 공식으로 수학을 공부하고, 누군가 만들어 놓은 기술을 이용한다. 앞으로도 인류는 책과 인터넷을 통해 서로 지식과 정보를 공유하며 발전할 것이다.

영암 왕인박사 유적지를
만나보세요!
▶ 하이에나킴

나주 불회사

미국의 정치학자 새뮤얼 헌팅턴은 '문명의 충돌(The Clash of Civilizations)'에서 기독교 점유율은 급격히 하락한다고 전망했다. 하지만 토드 존슨(Todd Johnson) 연구팀이 발표한 1910년과 2010년 기독교 숫자 비교통계를 보면 헌팅턴의 전망은 빗나갔다. 1910년 기독교 총인구는 612백만 명으로 전 세계 인구의 34.8%를 차지했다. 2010년에는 2,292백만 명, 33.2%가 되었다. 비율은 약간 줄었지만 인구수로는 엄청난 증가였다. '2015년 인구주택총조사'를 보면 우리나라 국민 중 무종교인은 56.1%, 종교인은 43.9%였다. 3대 종교가 98.3%를 차지했으며, 개신교가 19.7%(967만 명), 불교가 15.5%(761만 명), 천주교가 7.9%(389만 명)였다.

세계에서 가장 단기간에 기독교가 번창한 우리나라, 그 이유는 무엇일까? 첫 번째는 초기 선교활동이 우리 국민의 공감을 많이 얻었다는 것이다. 초기 선교사들은 문맹 퇴치를 외치며 학교를 세워 교육사업에

힘썼다. 의술의 필요성을 느끼고 서양의학을 도입해 병든 자를 치료하기도 했다. 가난을 물리치기 위해 외국으로부터 원조물자 조달에도 힘썼다. 일제강점기에는 독립의식을 고취하는 등 독립운동에도 가담했다.

두 번째는 교회를 다니면 지역 주민에게 착하고 성실한 사람으로 인식되었다. 교회는 술, 담배를 못 하게 했고 외도, 강도 등 범죄를 죄악시

했다. 하느님의 십계명과 성경 말씀을 토대로 죄를 지으면 지옥에 간다고 겁을 주었다. 교회 목사나 장로는 그 지역에 덕망 높은 지역 유지로서 존경의 대상이 되었다.

세 번째는 성경과 찬송가이다. 한글로 풀이한 성경과 찬송가는 시골 사람들에게 보물이나 다름없었다. 쉬운 한글로 번역되었으며, 예배시간에 반복적으로 성경 구절을 낭독하고 찬송가를 불렀기에 서민들이 쉽게 글을 깨우칠 수 있었다.

이 외에도 교회는 지역 유대강화, 정치적 상황 등 다양한 이유가 맞물려 급속도로 퍼져 나갔다. 예로부터 우리나라를 지배해 온 무속신앙인 샤머니즘, 불교, 유교를 제치고 마치 국교처럼 우리나라에서 가장 큰 종교가 되었다.

종교를 가질 생각은 없지만, 군이 나에게 종교를 선택하라면 교회보다는 산속에서 조용히 신과 만나는 불교가 더 종교답게 느껴진다. 삼일예배, 심방, 주말예배, 부활절, 크리스마스 등 정기적인 예배와 헌금, 그리고 직책, 교회는 조직적 색채가 강해서 부담스럽다.

외롭고, 슬프고, 즐겁고, 행복할 때 조용히 신을 찾아가 교감할 수 있는 종교가 그립다. 그나마 절에서 그런 분위기를 느낄 수 있다. 가끔 절에 가면, 들어가는 산속 길이 심신을 평온하게 해 준다. 하지만 부처를 모신 본당 앞에 가면 더 이상 다가가지 못한다. 멀찍이서 조용히 소원을 빌고 돌아올 뿐이다.

마음을 정화하는 '문화재, 유적지'

낯선 곳이라 어색하고, 그 앞에서 어떻게 해야 할지 모르기 때문이다. 절이 역사가 더 깊고, 종교적 풍치가 더 느껴지지만, 대중 속으로 파고들지 못한 것은 바로 이 때문이다. 신을 만나기 위한 과정이 너무 어렵다. 어려운 한자로 된 불경, 예배의식, 모두 어렵다.

종교는 쉬워야 한다. 불경을 쉬운 한글, 현실적인 언어로 바꿔야 한다. 예배 절차와 규칙도 간소화시켜야 한다. 정말 신이 있다면 신은, 인간에게 가장 쉬운 언어로, 가장 쉬운 방법으로 교감하고 싶어 할 것이다.

나주 불회사를 만나보세요!
▶ 하이에나킴

담양 소쇄원

전남 _ 담양군

햇살 좋은 날이다. 나뭇잎 사이로 비집고 들어온 햇살이 살포시 입을 맞추려 한다. 쉽게 허락할쏘냐. 몸을 돌아눕는다. 대들보 위로 바람이 넘실거린다. 묵은 툇마루 나뭇결에 허리를 맡긴다.

엊그제 내린 비를 한껏 머금은 자연은 다시 내뱉기 시작한다. 계곡을 타고 흐르는 물은 어느덧 소쇄원으로 모여든다. 바위를 미끄러지는 물은 자그마한 연못에 착지하는 순간 숲속 고요를 깨운다. 댓잎이 놀라 살랑거리며 투정을 부린다.

갈댓잎으로 대나무 담장을 한 작은 오솔길을 지나면 소쇄원이 나온다. 깊은 산속 고요한 암자 분위기를 풍기며 '쉼'이 마중한다. 앞마당 자연정원을 가로지르는 물소리에 몸을 정화시킨다. 나무와 꽃과 물이 어우러져 조화의 미를 그리는 곳.

마음을 정화하는 '문화재, 유적지'

양산보가 신세 졌을 툇마루에 누워 본다. 알 수 없는 한자가 시야에 들어오니 눈이 시리고 머리가 아프다. 몸을 살짝 돌려 처마 밑으로 파고드는 구름에 시야를 옮긴다.

세월에 몸을 내준 마루는 이 빠진 할망 마냥 바닥이 보인다. 옛날 시골집에는 낮잠 자는 누렁이가 보였다. 더운 여름이 되면 혀를 내밀고 유난히 헐떡이던 누렁이였다. 시원한 마루 밑에서 곤히 잠든 그 녀석이 떠올라 얼른 일어선다.

담장과 계단을 돌아 내려온다. 물소리는 더욱 청명해지고 신록은 더욱 짙어진다. 계곡물을 빨아들인 대나무는 푸름을 더하고 하늘 향해 다시 내뿜는다.

자그만 돌다리를 건너자 벌써 작별인가, 살짝 아쉬워진다. 만남은 짧아야 더욱 그리운 법. 그래, 계절 따라 시간 따라 마음 따라 다음에 다시 오면 되지. 미련을 버리니 돌아가는 발걸음이 가벼워진다.

소쇄원에 누워

뭣이 부러우랴!

고층 빌딩
대리석 바닥
그곳에 누워보진 않았지만

낡은 대들보
허름한 툇마루
이곳에 등을 맡기니
세상 편하다.

햇볕에 여물어가는
초록 단풍 헤치며
얄미운 손짓 보내는 너

눈 찡그려 애써 외면하고
슬며시 몸을 돌린다.

쉼 없이 가는 인생
스름스름 바위 타고 내려가는
흐르는 물줄기 같아라.

지쳐버린 심장을 잠시 내려놓자.

머리가 맑아지고
마음은 깨끗해지는구려!

담양 소쇄원을 만나보세요!
▶ 하이에나김

강진 남미륵사

✿ 전남 _ 강진군

"누가 기침 소리를 내었는가? 마군이가 꼈구나. 금부장 저놈을 철퇴
로 내려쳐라."

애꾸눈 궁예의 강렬한 대사는 아직도 뇌리 속에 남아 있다. 예능 프로에서도 한동안 유행했던 말이다. 궁예는 정치적인 계산으로 자칭 미륵 행세를 했다. 미래의 부처를 미륵이라 하는데 석가가 부처가 된 후 수억 년이 지나야 미륵으로 돌아온다 한다. 결국 미륵은 지상낙원을 의미한다.

꽃 내음 가득하고 유리알같이 평평한 지상낙원, 실제로 그런 세계가 존재할 수 있을까? 젖과 꿀이 흐르는 기독교가 말하는 천국 같은 지상 낙원, 과연 가능할까?

인간의 본성을 버리고 영혼만이 있다면 가능할 것이다. 현세에는 인간을 위한 낙원은 존재할 수 없다. 인간뿐만 아니라 살아 있는 생물에게 평화는 힘든 과제이다. 생존을 위한 본능적인 투쟁이 잠재해 있기 때문이다.

설령 그런 세상이 오더라도 별로 재미없을 것이다. 아무런 일도 하지 않고 경쟁도 없는 그런 사회에서 무슨 재미를 찾겠는가! 그저 아침에 일어나 밥 먹고, 놀고, 자고, 다시 일어나는 그런 무미건조한 삶은 처음에야 좋겠지만 반복된다면 그것도 고통이 될 것이다.

　게다가 미륵이 외치는 지상낙원에서 인간의 수명은 8만 세라 한다. 그때까지 살면 행복할까? 8만 세에 죽으므로 영생도 아니다. 즉 8만 세가 가까워지면 또 죽음에 대한 두려움이 생기는 것이다.

　지상낙원은 존재하지도 않고 존재해서도 안 된다. 신도 바라지 않을 것이다.

강진 남미특사

그래서였구나.

오백의 나한이 그리도 평온해 보인 이유는.

코끼리 부부가 굳건히도 대문을 지키는구려.

녹음을 머금고 발걸음 닿은 곳, 고개를 높인다.

고층을 갈망하는 우리네 소원을 담았나.

17층도 높아만 보이는데, 33층은 아찔하여라.

세상 편한 자세로 중생을 맞이하는

평온한 와불 너머, 인자한 미소가 흐른다.

가장 높은 곳에서, 가장 온화한 자태로

대불이 펼친 손가락은 황금빛 만불을 쓰다듬고

진흙에서도 청정한 연꽃에 머무른다.

천상의 고귀함에서, 일상의 미천함으로

자비로운 그 염원 영원하여라.

강진 남미특사를 만나보세요!
▶ 하이에나킴

내 마음에 만족하려면

광주 증심사

❀ 광주_동구

하루하루 다른 사람 신경 안 쓰고 행복하게 살아간다면 분명 잘 사는 것이라고 누군가는 말했다. 살아온 인생을 되돌아보면 그간 남 눈치를 많이 보며 살아왔다. 그렇게 사는 것이 일반적이라고 믿었다.

자신의 기준대로 만족하며 사는 인생은 얼마나 아름다운가! 오롯이 자신만의 마음을 다스리며 자신의 영역을 추구한다면 더없이 아름다운 인생이리라.

증심사 따라 끊임없이 흐르는 계곡물은 저리도 평온한데 우리네 삶은 왜 이리도 시끄러운가. 바위에 부딪히면 물길을 바꾸고 깊은 웅덩이를 만나면 잠시 쉬면 그뿐이다.

나무는 욕심이 없다. 며칠 전 내린 비를 한껏 머금은 나무는 다시 자연으로 돌려보낸다. 그들은 안다. 그 물들이 다시 자신의 곁으로 돌아온다는 것을.

산사를 찾는 힘겨운 중생을 배려했는지, 절 입구에서 본당은 그다지 멀지 않다. 대웅전 앞 나무 그늘에서 옅은 땀방울을 식힌다. 본당 옆 스님의 거처는 언제나 고요하다.

내려오는 길 산사 아래 미술관, 어울리는 듯 어울리지 않는 듯 묘한 조화를 이룬다. 가끔은 부조화가 진정한 조화를 이룬다.

증심사, 마음을 넓히는 절이다. 더 이상 넓힐 수 없는 내 마음, 넓히기도 싫은 내 마음. 넓히기를 포기한다. 어차피 넓혀 봐야 겨우 한 주먹도 안 되는 마음인 것을.

중심사

마르지 않는 염원이여
마음을 늘어트려
간절한 기원 산사에 담았다
굽이쳐 흐르는 시원한 물줄기는
분명 뿌리를 타고 나왔을 텐데
녹음을 따라 다시 들어가네
아, 그게 자연이련가
근원의 샘으로
다시 사그라지는 물처럼
우리 인생도,
심장의 박동을 타고 나와
다시 그 속에 파묻히네
심장을 쥐어짠들 무엇 하리
결국 그 크기만큼의 마음인 것을

광주 중심사를 만나보세요!
▶ 하이에나김

장성 백양사

🏵 전남 _ 장성군

손끝은 떨리고 있었다. 펜은 작은 구멍을 온전히 채우지 못했다. 긴장한 나머지 손가락 끝에 힘이 들어가고 동그라미는 모양이 찌그러졌다. A, B, C, D를 선택하고 불안한 마음에 다시 문제지를 번갈아 보며 간신히 마크를 해 나갔다.

시험시간은 언제나 부족했다. 시간 체크도 시험의 일환이라며 시간 엄수를 강조했다. 긴장 속에 한 문제 풀고 답안지에 마크하고 다음 문제로 넘어갔다. 답이 풀리지 않는 문제는 일단 동그라미를 쳐 놓고 패스했다. 다음 문제를 풀 때 답안 체크를 밀려 쓸까 조마조마했다. 시험 자체가 긴장인데 마크가 그 긴장감을 더 고조시켰다.

유학을 위한 외국어능력시험도 마찬가지였다. 실력 테스트를 위해 거의 매달 시험을 봤음에도 긴장은 풀리지 않았다. 문제 풀고 바로 마크하기 바빠서 답을 수정할 시간은 없었다. 문법 · 어휘 문제는 생각하면서 푸느라 시간이 없었고, 반대로 듣기 문제는 바로 다음 문제로 빠

르게 넘어가 여유가 없었다. 시험 점수는 실력으로만 결정되는 것이 아니라, 판단력, 이해력, 집중력, 냉정함 등 모든 능력을 테스트했다.

물론 정해진 시간에 평가해야 하고, 원만한 시험 관리를 위해 어쩔 수 없다지만 뭔가 불합리했다. 능력을 제대로 평가받고 있지 않다는 느낌이 들었다.

'눈물의 수능 4교시.'

2019년 수능이 끝나고 뉴스 기사 하나가 눈에 띄었다. 수능 4교시는 한국사, 선택1, 선택2, 세 개 과목 시험을 본다. 한국사가 끝나면 문제지를 책상 밑에 넣어야 하고 다른 과목답안지를 작성하거나 수정하면 부

정행위로 영점 처리된다. 이 때 학생들은 긴장한 탓에 안 하던 실수를 하곤 한다. 그러나 특별한 대책이 없다고 한다.

　세상에 대책 없는 계획은 없다. 잘못된 것은 바꿔야 한다. 인생을 결정짓는 시험, 당연히 수정해야 한다. 수능뿐만 아니라 모든 시험을 바꿔야 한다. 마음 편하게 문제를 풀게 해야 한다. 빠른 판단력과 집중력을 원한다면 그런 시험에서만 하면 된다. 어떤 분야에서 지식과 전문성을 평가한다면 넉넉한 시간을 주고 마음 편히 풀게 해야 한다. 이것이야말로 공정하게 실력을 평가하는 것이다.

불합리한 게 있으면 바꿔야 한다. 우리는 늘 불합리한 제도와 관습에 되레 우리를 맞추며 살고 있다. 불합리를 바꾸려 하지 않고 불합리에 맞춰 우리를 바꾸고 있다.

옛날에 고시공부 하려면 절에 들어갔다. 조용하고 평온한 상태에서 공부하기 위함이었으리라. 긴장을 풀고 공부했다면 시험도 그런 상태에서 보게 해야 한다.

고즈넉한 백양사에서 일상의 긴장을 풀어 본다. 긴장이 풀려야 정신이 맑아지고 마음이 편해질 터. 그러나 일상으로 돌아가니 다시 전쟁터이다. 인생은 OMR 시험이다.

백양사 학바위

시선은
희멀건 바위벼랑에
한참을 머문다.

쌍계루 위로
대웅전 위로
사리탑 위로

마르지 않는 물줄기는
그곳에서 시작되어
산사를 적시는데

가벼운 날갯짓은
힘겨운 중생을 일으키고
태양을 담은 은빛 물결은
경내를 훤히 밝히는구려.

영광 불갑사

🈁 전남 _ 영광군

달빛 어스름이 스러져 가는 가을밤, 소년은 잔뜩 몸을 움츠리고 종종
걸음을 쳤다. 나뭇가지 스치는 바람 소리에도 등골이 오싹했다. 저녁예
배를 마치고 집에 오는 길, 먼저 간 친구의 배신으로 홀로 귀신과 싸워
야 했다. 시선을 내리깔고 몸을 움츠렸다. 강한 자를 피하려는 생존본능
이었다.

달빛 어스름이 내려앉은 뒤뜰, 청년은 멍하니 서서 그녀를 떠올렸다.
수줍은 시골 촌놈, 그날도 아무 말 못 한 어수룩한 행동을 후회했다. 쑥
스러운 만남이지만 그래도 그녀와의 만남을 그토록 원했다. 오고 가는
길 어떻게든 보고 싶은 마음에 설렘이 가득했다.

만남, 어떤 것은 거부하고 어떤 것은 갈망한다. 자주 만나는 이들은
편하지만 쉽게 틀어지기도 한다. 헤어짐이라는 걸 생각하지 않기 때문
은 아닐까! 성인이 되고 자연스레 멀어진 친구들과 명절에 만나면 그립
던 과거를 추억한다. 과거를 회상하며 이야기보따리를 끄집어낸다. 좋

은 기억은 드러내고 나쁜 기억은 감춘다. 다시 헤어짐을 전제하기에.

　가족은 다르다. 이별을 전제하지 않기에 편함이 불편함을 부른다. 거르지 않는 기억을 소환하기도 한다. 균열이 생기고 그 속에 아픔이 스며든다. 어쩌면 주말 부부 같은 어쩔 수 없는 헤어짐이 필요한지도. 물론 완전히 남이 될 수 있는 위험도 있다. 좋은 점을 꼽으라면 애틋한 연애 시절로 돌아간다는 것.

　주말, 나주에 내려온 아내와 불갑사를 찾았다. 예전엔 주말이란 집에서 쉬는 것으로만 여겼는데, 설렘을 안고 데이트를 나선다. 상사화는 빨알간 그리움을 가득 품었다. 잎과 꽃이 피는 시기가 달라 서로 만날 수 없기에 상사화는 사랑과 그리움의 꽃으로 불린다. 시주 온 여인을 좋아하지만 스님의 처지가 있어 표현하지 못 하는 심정, 불갑사의 전설도 애절하다.

만나야 할 것, 만나지 말아야 할 것, 만남과 이별을 숱하게 겪었다면 스스로 가릴 줄 알아야 한다. 나이 든 어르신들이 신경을 거스른다. 빙 둘러쳐 놓은 울타리는 분명 들어가지 말라는 신호일 터. 가뜩이나 가냘픈 상사화 줄기는 그들과의 만남에 맥없이 쓰러진다. 카메라 각도를 맞추느라 신중하지 못한 만남은 꽃잎을 짓누른다.

만나지 말아야 할 것들이 만나면 약한 존재는 사라진다. 상사화의 애절한 그리움은 배려 없는 만남에 상처를 입는다.

상사화

붉은 그리움.
가냘픈 꽃잎 보고 있자니
눈시울 아련해진다.
분명 그대와 같은 이유일 거야.

그리울 땐 밤하늘 봤었지
고백하지 못하고 돌아온 날
잠 못 드는 상념 흩어버리려
뒤뜰에서 바라보던 달
얄궂게도 그곳엔 그녀가.

무심히 내려다보는
그녀의 미소에
난 무너져 버렸지.
분명 밝은 달빛에 눈이 시렸던 게야.
그렇게 핑계를 댔었지.

오늘도 그럴 거야.

강렬한 시뻘건 꽃잎이

약해버린 시신경 건드린 게 분명해.

그리 투정하며

손은 가슴을 닦는다.

구례 화엄사

"가방에 뭐 좋은 거라도 들어 있어요?"

불룩 튀어나온 가방이 문제였다. 배불뚝이처럼 묵직한 가방, 도둑이 제 발 저리듯 멋쩍어 괜스레 가방을 살포시 끌어안았다.

흙벽돌집 투박하게 솟은 굴뚝에서는 연기가 한창이었다. 아궁이를 데운 따스한 기운은 나지막이 동네를 감쌌다. 저녁을 먹고 나면 엄마는 누룽지를 내오곤 했다. 먹다 보면 손은 계속 가고 배 속에서 부풀어진 누룽지 덕분에 그날 밤은 곤히 잠들었다.

왜 지금에서야 깨달았을까! 그 누룽지, 엄마가 일부러 만든 게 아니란 걸. 녹록지 않았던 가난한 시절, 어머니는 누룽지를 만들기 위해 일부러 귀한 쌀을 태울 리 없었다. 불 조절이 어려운 아궁이 덕분에 우리는 유일한 간식거리를 득템했다는 사실을.

　배고팠던 시절을 되돌아보면 당시에는 몰랐던, 철이 들고 나서야 알게 되는 사실들이 많다. GOD 어머니는 짜장면을 싫어하는 게 아니었듯 우리는 숨겨진 의미들을 오해하곤 했다.

"야, 너 공부 열심히 하나 보네."

조그만 키, 삐쩍 마른 어린 중학생의 가방은 늘 빵빵했었다. 가방 안에는 교과서보다 도시락이 더 많았기 때문이다. 시골 학교는 대부분 야간 자율학습을 운영했는데, 돈 없고 집이 먼 시골 학생에게 도시락은 가방 속 필수품이었다.

불룩한 가방 탓에 친구들은 항상 놀려댔다. 가난한 시골 촌놈은 그런 가방을 그렇게도 창피해했었다. 그래, 틀림없이 그런 놀림이 담긴 어투였다. 일거리를 바리바리 싸 들고 집에 가는 발걸음을 쑥스럽게 만든 건.

마음을 정화하는 '문화재, 유적지'

내 등짝보다 더 큰 카메라 가방을 둘러매고 화엄 사로 향했다. 화엄사에 오르니 대웅전 옆 초라하지 만 더 웅대한 각황전이 시야를 끌었다. 대부분의 절 은 대웅전이나 탑이 가장 크지만 구례 화엄사는 각 황전이 압도적으로 크다. 가람의 배치도 비대칭적이 고 각황전 앞 석등과 5층 석탑도 삐뚤게 배치되어 있 다. 본당 아래 보제루는 여느 절과 달리 밑으로 들어 가지 못하고 옆으로 돌아가야 한다.

고개를 갸우뚱하게 만드는 요상한 절, 창건 당시 에는 분명 이유가 있었을 터. 숨겨진 의도를 찾으려 다 문득, 그게 뭐가 중요한가! 반드시 정답이 있어야 하나! 의미를 찾아서 무엇 하리! 신은 이미 모든 걸 알고 있을 텐데. 내 마음만 진실하면 그뿐인걸.

구례 화엄사를 만나보세요!
▶ 하이에나김

에필로그

여름 장마가 시작되면 길이 폭 잠기는 동네가 있었다. 어린 소년이 학교에 가기 위해선 바지를 걷고 무릎까지 빠지는 그 길을 건너야 했다. 종종걸음으로 족히 한 시간 남짓 거리를 지나야만 초등학교가 있었다. 중, 고등학교는 더 멀었다. 농촌개발로 도로는 포장되었지만 여전히 걸어 다녀야 했다. 버스가 하루에 한 대 눈에 띌까 말까 한 시골 오지였다.

소년은 학교 수업이 끝나면 곧바로 집에 돌아와 일손을 도왔다. 읍내 어딘가에 학원은 있었지만 농부 자식에게는 사치였다. 학기 초 나눠 주는 교과서가 전부였고, 선생님의 칠판 글씨는 유일한 참고서였다. 선생님 말씀 하나라도 놓칠세라 귀를 쫑긋 세워가며 공책에 옮겨 적었다.

소년에게 공책은 무엇과도 바꿀 수 없는 보물이었다. 언젠간 동생이 공책을 쟁반 삼아 라면을 부숴 먹는 걸 보고는 늘씬하게 두들겨 패고도 분이 풀리지 않았다. 시험 기간이면 공책에 담긴 모든 낱말을 외워야 마음이 놓였다. 힘든 농사일에 지쳐도 전부 외우고 나서야 잠이 들었다. 그래야 읍내 친구들에게 뒤지지 않았다.

성적은 쉽사리 오르지 않았다. 중위권을 유지했으나 한 단계 더 나아가기에는 역부족이었다. 상위권에 들어가기 위해서는 열악한 환경에서 최대의 방법을 찾아야 했다. 등하교 시간을 이용하기로 했다. 그날 배운 것들을 우선 머릿속으로 요약 정리한 후 노트에 기록했다. 그 과정에서 소년은 자신만의 암기 노하우를 터득해 나갔다.

왕복 두 시간 넘는 시간 동안 영어단어, 국사연대, 심지어는 작가의

호, 국가의 수도까지 모든 걸 외우기 시작했다. 쉽게 외우기 위해 나름의 연상기법도 적용했다. 십 리 길은 소년에게 더없는 캔버스였다. 연상을 시작하면 어떤 것은 몇 분 만에 떠오르기도 했고, 어떤 것은 집에 도착할 때까지 해결되지 않기도 했다.

하나의 테마를 정해서 그것과 관련된 내용을 스토리텔링 방식으로 연결했다. 최적의 연결고리를 찾기 위해 생각의 미로를 헤매다 보면 어느새 집과 학교에 도착해 있었다. 길고 지루한 그 길이 순간이동을 한 것처럼 빠르게 지나갔다.

예를 들면, 영어 'chest[tʃest] 가슴'은 '음식을 먹고 체했을 땐 가슴을 쳐라.'로, 일어 'つぼみ(츠보미) 꽃봉오리'는 '꽃봉오리 핀 걸 보니 얼추 봄이 왔구나.'로 연결했다. 아프가니스탄의 수도 카불은 '스탄 까불지 않는다.'로 스토리텔링 했다.

그렇게 정리한 것들을 테마별로 기록해 나갔다. 손 글씨로 쓴 후 바인더에 철했다. 결과물이 꽤 괜찮았는지 몰래 훔쳐보던 전교 1등 하는 녀석이 그 바인더를 홱 뺏어가서는 복사해 버린 일도 있었다. 지적재산을 도둑맞아 분하기도 했지만 그래서 1등을 할 수 있다는 교훈도 얻었다.

당시는 컴퓨터가 보편화하지 않아 손 글씨로 정리했는데 수정하고 추가할라치면 불편했다. 수정액으로 지우거나 스티커를 붙이기는 했지만 너저분해졌다. 쉽고 빠르게 정리할 수 있는 컴퓨터가 등장하자 소년의 기록은 날개를 단 것처럼 속도가 붙었다.

어느 정도 쌓이자 인쇄소를 통해 파일을 책으로 제본했다. 공부하다가 가끔 들여다보긴 했지만 워낙 양이 많아 전체를 읽어 보진 않았다.

정리하는 과정에서 이미 무의식중에 저장되었다.

신기했다. 뇌는 사용할수록 활성화되는 걸 느꼈다. 시간이 걸리더라도 결국 답을 주었고, 연상이 해결되는 순간 쾌감도 안겨 주었다. 소년은 그 카타르시스에 빠져 모든 걸 연상방식으로 외우고 정리했다. 결과물은 대입과 입사 합격의 일등공신이 되었다.

외국어를 정리한 메모장은 회사에서 주최한 유학시험에 도전할 수 있는 용기를 주었다. 40대에 다시 시작한 공부였지만 그 메모들은 과거 기억을 되살려 주었다. 단어, 어휘, 문법들을 체계적으로 정리했기에 스스로 '백과사전'이란 이름을 붙인 나만의 기록물이었다. 천 페이지가 넘는 방대한 양이었지만, 책장을 넘길 때마다 꿈틀거리던 기억의 씨앗들이 발아되었다. 외우려 노력하지 않아도 뇌 신경을 슬며시 자극했다. 결국 시험에 합격하고 2여 년 동안 유학을 다녀왔다. 유학 시절 현지에서 얻은 정보를 꾸준히 추가해 귀국 후 회사 도서관에 기증하고는 뿌듯해했다.

메모는 독서로도 이어져 책을 읽고 나면 머리로 정리하고 리뷰를 남기는 습관을 이어 갔다. 정리한 것들을 교육, 인생, 역량, 사랑 등의 테마로 분류했다. 자녀에게 재산 대신 유산으로 물려줄 생각을 하며 메모의 양을 늘려 갔다.

'메모는 생각의 씨앗이다. 훅 불면 그냥 날아갈 기억을 발아시키려면 메모가 필요하다.' 소년은 다산 정약용의 말을 실천했다.

기록하지 않는 것은 사라지고 기록한 것은 역사가 되었다. 어느덧 중년이 된 소년은 어제도 기록했고, 오늘도 기록하며, 내일도 기록하리라 다짐했다.